科普热点

纳米寻奇
——高科技与材料

黄明哲 主编

U0304832

中国科学技术出版社
·北京·

图书在版编目(CIP)数据

　　纳米寻奇：高科技与材料/黄明哲主编.--北京：中国科学技术出版社，2014.3（2019.9重印）

　　（科普热点）

　　ISBN 978-7-5046-5745-9

　　Ⅰ.①纳… Ⅱ.①黄… Ⅲ.①纳米材料-新技术应用-普及读物 Ⅳ.①TB383-49

　　中国版本图书馆CIP数据核字（2011）第005512号

中国科学技术出版社出版

北京市海淀区中关村南大街16号　邮政编码：100081

电话：010-62173865　传真：010-62173081

http://www.cspbooks.com.cn

中国科学技术出版社有限公司发行部发行

山东华鑫天成印刷有限公司印刷

＊

开本：700毫米×1000毫米　1/16　印张：10　字数：200千字

2014年3月第1版　2019年9月第2次印刷

ISBN 978-7-5046-5745-9/TB·82

印数：10001—30000册　定价：29.90元

前　言

科学是理想的灯塔！

她是好奇的孩子，飞上了月亮，又飞向火星；观测了银河，还要观测宇宙的边际。

她是智慧的母亲，挺身抗击灾害，究极天地自然，检测地震海啸，防患于未然。

她是伟大的造梦师，在大银幕上排山倒海、星际大战，让古老的魔杖幻化耀眼的光芒……

科学助推心智的成长！

电脑延伸大脑，网络提升生活，人类正走向虚拟生存。

进化路漫漫，基因中微小的差异，化作生命形态的千差万别，我们都是幸运儿。

穿越时空，科学使木乃伊说出了千年前的故事，寻找恐龙的后裔，复原珍贵的文物，重现失落的文明。

科学与人文联手，人类变得更加睿智，与自然和谐，走向可持续发展……

《科普热点》丛书全面展示宇宙、航天、网络、影视、基因、考古等最新科技进展，邀您驶入实现理想的快车道，畅享心智成长的科学之旅！

作　者

2012年3月

《科普热点》丛书编委会

目　录

第一篇
我们生活中的新型材料

光导纤维：小沙粒，大革命

想必大家都曾上网玩得不亦乐乎吧？！高速的传输速度给你浏览网页、玩游戏带来了快捷舒适的享受，这一切都要归功于插在你电脑后面的那一缕缕透明的细线——光导纤维。而你更加想不到的是，这细细又透明的线，竟然是我们脚底下的小沙粒变来的。

光导纤维是由两层折射率不同的玻璃组成

光通讯是人类最早的通讯方式之一，周幽王烽火戏诸侯便是光通信的最好证明，在科技高速发展的今天，人们不会再像周幽王一样点燃烽火来传递信息了，聪明的科学家早已发明了比烽火先进很多的光通讯介质——光导纤维。1847年发明家亚历山大·格雷汉姆·贝尔，是个传奇的人物，我们家家户户都在用的电话就是他最早发明的。而后，在1966年，曾任香港中文大学校长的高锟提出了光纤可以用于通讯传输的设想，这是光通信史上的一座里程碑式的学说，也正因为这样，高锟获得了2009年诺贝尔物理学奖。在2005年，光纤入户（FTTH）顺利完成，就有了我们今天网络的高速传输。

亚历山大·格雷汉姆·贝尔 1847~1922。贝尔是电话的发明者，英国发明家，生于英国爱丁堡，14岁毕业于爱丁堡皇家中学，而后曾在爱丁堡大学和伦敦大学旁听，主要靠自学和家庭教育成才。

或许现在大家对光纤的历史有所了解了，但对于光纤本身也许还是陌生的。那我们就用一个小实验来切实地体会一下"光纤"。首先，取一根透明软管，然后在透明软管里注满干净的水，再在光线较暗的屋子里用手电筒照软管的一头，然后弯曲软管。神奇的事情发生了，本来应该直来直往的光竟然被软管束缚弯曲了。这就是模拟了光导纤维传播光的原理而产生的效果。

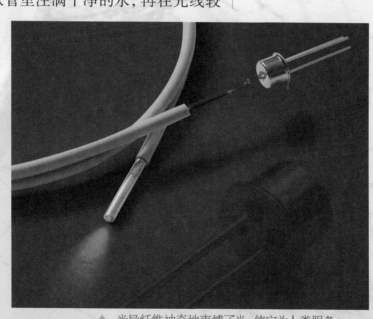

▲ 光导纤维神奇地束缚了光，使它为人类服务

我国正在普及FTTH技术，即光纤到户。由于光纤频带很宽，又不易受干扰，光纤到户后，家庭上网速度显著提升。目前光纤到户已在发达国家逐渐普及，最快的竟然实现了家庭千兆上网。

光导纤维是由两层折射率不同的玻璃组成。内层为光内芯，直径为几微米至几十微米，外层的直径为0.1~0.2毫米。一般内芯玻璃的折射率比外层玻璃大1%。根据光的折射和全反射原理，当光线射到内芯和外层界面的角度大于产生全反射的临界角时，光线透不过界面，将全部反射，这样，从一头射入的光就会在光芯内以"Z"字形传播，"桀骜不驯"的光就这样被光导纤维"捉"住，而为大家服务啦。

光导纤维就这样神奇地束缚住了光，用来为人类服务，给人类的生产生活带来了极大的便利。但是你一定想不到制作光导纤维的材料就是我们脚下一粒粒不起眼的小沙粒吧。我们脚下的小沙粒，主要成分是二氧化硅，你别瞧不起这灰灰土土的小沙粒，这可是制造玻璃的主要成分，光导纤维的内芯就是一种性能非常突出的玻璃。科学家们通过收集小沙粒得到制作光导纤维的原材料——二氧化硅，然后经过一系列复杂的化学反应和物理过程后，就制成了那些性能特别突出的玻璃——光导纤维。

　　光导纤维已经融入人们生活的各个角落，相比以电为信号的传输方式，利用光导纤维进行光信号传输无疑是巨大的进步。相比电线的电信号传播，光导纤维的频带宽，这样就可以传输更多的数据信息，损耗也比传统电线低，更加节能环保，而且重量轻、抗干扰能力强，保真度也更高，还有工作性能可靠、成本低廉等优点。光导纤维的普及，使人类信号传输发生了翻天覆地的改变，小小的沙粒完成了信号传输的大革命。

◀ 利用光导纤维进行光信号传输有着巨大的进步

金刚石薄膜：不坏战甲

金刚石是目前已知物质中硬度最高的

柜台里琳琅满目的钻戒想必大家都见过吧，也许你还未拥有一枚钻戒，但对美好事物心向往之的情绪总是会有的。钻石又名金刚石，如果用在平时的生产生活中，因为其坚不可摧的特性，是一件不可多得的好帮手呢，可是如此稀有珍贵的钻石，谁又会舍得去用呢？

有如此好帮手，却又因为出产太少、太过稀有而不能施展它真正的本领，这样岂不是太过可惜？放心，那些意志比钻石还要坚固的科学家们早就可以通过人工合成金刚石了，甚至研究出来《指环王》里战士们梦寐以求的不坏战甲——金刚石薄膜。

金刚石是人类目前已知物质中硬度最高的，同时也是室温下导热率最高的，而且金刚石还有极好的化学惰性和最低的可压缩性，在生物兼容性方面甚至超过了被现代医学广泛认可的人造骨骼——钛合金。但是天然金刚石产量十分稀少，还有其独具魅力的外表使其价格高高在上，所以人们没有办法真正利用金刚石的优异性能。其实就化学组成来说，金刚石和石墨一样，都是由碳元素组成的，它们互为同素异形体，只是它们的原子排列不同而造就了迥异的两种物质。20世纪80年代初，经过科学家们夜以继日的辛勤工作，终于研究出用化学气相沉积（CVD）法来制造金刚石薄膜。

金刚石薄膜和金刚石一样，拥有优异的物理和化学性质，如高硬度、高导热、高绝缘等性质，由于

钛是20世纪50年代发展起来的一种重要的结构金属，钛合金因具有强度高、耐蚀性好、耐热性高等特点而被广泛用于各个领域。例如，现在医学美容上常常用钛合金来制造假牙，这样的假牙坚固耐用，而且美观大方。

▲ 石墨与金刚石互
为同素异形体

CVD(Chemical Vapor Deposition，化学气相沉积)，指把含有构成薄膜元素的气态反应剂或液态反应剂的蒸气及反应所需其他气体引入反应室，在衬底表面发生化学反应生成薄膜的过程。

金刚石薄膜是人造的，在其纯度上甚至超过了某些天然金刚石，所以其各项性能也都相当于甚至超过了天然金刚石。采用化学气相沉积（CVD）法制造的金刚石薄膜，生产成本低但是性能却十分优越，这使金刚石薄膜被广泛地应用于各个领域。

目前，金刚石薄膜已经被广泛应用于车床刀具的加工制作、大功率集成电路、激光器件的散热模块和各种玻璃透镜类的涂层中。可是如果你认为金刚石薄膜就这点儿作用，那就大错特错了，金刚石薄膜"不坏战甲"的美名可不是徒有虚名的。金刚石薄膜的导热性是硅材料的两万倍，而且金刚石和硅在化学性质上也有共同之处，若以金刚石薄膜来取代传统的硅材料制作电脑，在理论上电脑的性能将会提高两万倍，而且体积也能大大缩小，这无疑将是计算机的又一次飞跃，把计算机做成眼镜随身携带，将再也不是只有电影里才会出现的画面。因为金刚石薄膜特别坚硬，所以，如果把它附在发动机零件表面，汽车就再也不用担心因为磨损而带来的一系列问题了，另外金刚石薄膜还能运用在航空航天和新型导弹罩上，来改善人们一直头疼的磨损问题，这些都是"不坏战甲"本色出演。

金刚石薄膜的发展十分迅速，美国和日本还利用金刚石薄膜能发射阴极电子这一特点制造出了超清晰、超薄、大尺寸，而且极省电的电视显示器。金刚石薄膜在工业领域的应用可谓是多面手，不仅用处多，而且用处大，"不坏战甲"的美名当之无愧。

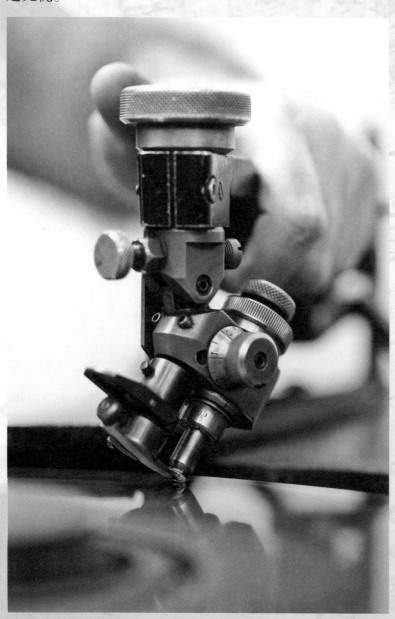

金刚石薄膜已经被广泛应用于车床刀具的加工制作

功能高分子材料：处处可见的神兵利器

塑料袋是日常生活中常见的高分子材料

高分子材料听起来很唬人，它充斥着我们生活的各个角落。比如我们每天都遇得到的塑料袋，就是典型的高分子材料，其他还包括橡胶、油漆、涂料、粘着剂等。当然，今天我们讲的可没这么简单，下面介绍的功能高分子材料，在应用方面，可是真正的神兵利器呢。

脱盐就是将"化学盐"脱除的方法或过程。简单地说就是去除水中的阴阳离子。脱盐的方法有电渗析法、反渗透法及正向渗透法等。

在最近的30年，高分子化学和高分子材料得到了飞速的发展，同时，功能高分子材料的发展也有了可喜的成绩。所谓"功能"指的是这类高分子材料除了具备传统的机械特性外还具备一些其他特性，例如光、电、磁、生物活性等特性。功能高分子这些特有的性质使其在一些特殊领域有着不可替代的地位，在工业生产中也有着广泛的应用。

科技在不断发展，人们的生活水平也如芝麻开花一样节节高升，对功能高分子材料的要求也愈发高了。自20世纪60年代开始研究功能高分子材料以来，功能高分子材料已经渗入了电子、能源、生物等各个领域，为这些领域贡献了一系列能满足特殊要求的新型材料。最近这几年发展尤为迅速，功能高分子材料的年增长率一般都在10%以上，其中高分子分离膜和生物医用高分子的增长率已突破50%。

　　功能高分子材料是一大类高分子材料的统称，它们之间的功能其实不尽相同。若依据功能特性来区分的话，大致可以分为分离材料、化学功能材料、

▲ 离子交换树脂主要用于海水淡化等

吸收电磁波而很难被雷达发现的材料叫做"隐性材料"。这种材料主要应用在军事上。涂装这种材料的飞机或潜艇能有效地避开敌方雷达的监视，以达到出其不意的攻击敌方的目的，完成普通飞机或潜艇所不能完成的任务。

电磁功能高分子材料、光功能高分子材料，生物医用功能高分子材料这几类。

作用比较突出的有离子交换树脂，它是最早的功能高分子材料之一，也是最贴近我们生活的功能高分子材料之一，离子交换树脂主要被用于饮用水净化、海水淡化、污水处理、牛奶的脱盐等方面，对我们的生活有着功不可没的贡献。

又如导电高分子材料，它是以有机高分子材料为基础，在有机高分子材料里加入一些可导电的物质，这样，它就同时具备了高分子材料的易加工性和金属导电性的双重特性。与传统的金属导体相比，导电高分子材料具有易加工、耐腐蚀、工艺简单、价格低廉、电阻率可调范围大等优点。此外还有高分子功能膜、高分子吸附剂等功能高分子材料也都很贴近我们的生活。

未来功能高分子材料在材料学领域的研究将更加深入，科学家们提倡以科学理论为基础并联系生产实践，来研发适合科技进一步发展，使社会进步更快的功能性高分子材料。在对未来的展望中，科学家提出了纳米化和智能化的观点。纳米化要求功能高分子材料能在微观的分子层面上进行改变和调控，以实现所预期的功能性。智能化的目标是功能高分子材料的功能可以随外部环境的变化而变化，从而实现自动调节、修饰和修复，来满足更加严苛的要求。目前，功能高分子材料科技的前沿技术涉及隐形材料、超强度纤维、超强度陶瓷等。

▼ 导电高分子材料具有易加工性和导电性

可降解塑料：环境治理急先锋

　　我们几乎天天都见到的塑料袋，其实它正是环境的最大的杀手，因为塑料袋不可降解也不可吸收，被丢弃到自然环境后几十年都还存在。垃圾处理站往往都是将塑料袋掩埋或者焚烧，这样草率的处理，会给自然环境带来极大的危害，还好，现在我们有了可降解塑料，它们是环境治理的急先锋。

大量的塑料垃圾

　　塑料是我们日常生活中最常接触的物质了，各种不同的塑料在我们的生活里担当着不同的角色，可是它们最后的归路，却都是环境污染的罪魁祸首。

人类生产生活需要大量的塑料，自然也就产生了大量的塑料垃圾，这些垃圾很难被处理，若直接焚烧的话，其产生的烟雾对大气的污染十分严重，而且对臭氧层的破坏是无法修复的。如果用土掩埋，由于其性质稳定，埋在土里数十年都不能降解被大地吸收，用来掩埋的土地自然也就长不出任何的植物。风沙天气，漫天飞舞的塑料袋给野生动物们带来了攸关性命的严重问题，许多野生动物误食了塑料袋后既不能消化也不能排出，只能痛苦地死去。对塑料给环境带来的危害的治理，已经到了迫在眉睫的地步。

焚烧方式处理塑料袋，会产生很多有毒、有害气体，造成大气污染，尤其是释放的二恶英，这是世界上目前公认的毒性最大的化学物质，超强致癌性、超强致畸性，严重影响受害区域动物包括人的生命安全和生育能力。

▼ 可降解塑料的发明并不能根治塑料污染的问题

治理塑料污染，还得从源头抓起，可是人们的生活离不开塑料，降低塑料产量又会给人们的生活带来更大的不便。聪明的科学家索性从塑料的本质开始研究，研制出了可降解塑料。可降解塑料其实就是在普通塑料的生产过程中加入一定量的添加剂，如淀粉、改性淀

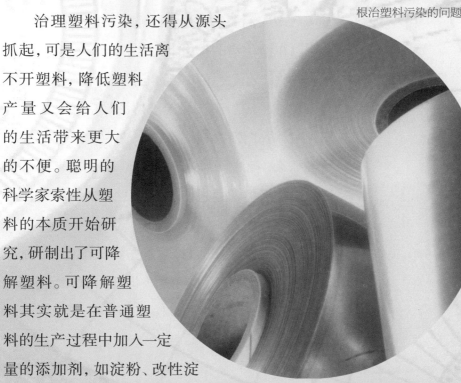

NAMI XUNQI —GAOKEJI YU CAILIAO

光敏剂（photo-sensitizer）又称增感剂、敏化剂。指在光化学反应中，把光能转移到一些对可见光不敏感的反应物上，以提高或扩大其感光性能的物质。

粉、光敏剂、生物降解剂或其他纤维等，使塑料的稳定性下降，比较容易在自然环境中被微生物等所分解。

可降解塑料大致分为四大类，早期是光降解塑料，这种可降解塑料就是在生产的过程中加入了光敏剂，使塑料对光的抵抗性变弱，在光照下逐渐分解。这是早期的研究成果，有先天的缺陷，比如在没光的地方，这种塑料的危害依然是很大的，而且使用时还得避光。

后来人们研制了生物降解塑料，这种塑料可以在微生物的作用下完全分解成低分子化合物，完全解除了污染的危害，存储运输也很方便，适用范围广，已经被广泛地应用于医药领域和农用地膜。

那么，把光降解和生物降解结合起来就是光生物降解塑料啦，它继承了两者共同的优缺点。

最后是水降解塑料，这种塑料是在其中添加了吸水性物质，用完后弃于水中即能溶解掉，主要用于医药卫生用具方面（如医用手套），便于销毁和消毒处理。

有了这些可降解塑料，许多环境治理问题都能

▲ 倡导使用环保袋

得到立竿见影的效果，但是依靠降解塑料来改善塑料对环境的污染仍然是治标不治本的方法。真正要根治塑料污染的问题，回收和循环使用才是最有效的途径。

磁性材料：
祖先们的玩物

　　司南，也就是指南针，与黑火药、造纸术、活字印刷并称为中国古代四大发明。而指南针就是典型的磁性材料的应用，是古代航海发展的奠基。在科技日新月异高速发展的今天，人们对磁性材料有了更加深入的研究，而磁性材料也开始渐渐发挥出它应有的"本领"了。

指南针是典型的磁性材料的应用

　　磁性材料的用途当然不只有指南针，在现代科技下，磁性材料发挥出的作用何止指南针的千倍万倍。现代磁性材料广泛地应用于我们的生活中，例如电话的听筒、玩具车的马达、发电机的内芯，几乎处处可见磁性材料的身影。可以说，磁性材料与信息化、自动化、机电一体化、国防、国民经济的方方面面紧密相关。

　　我们通常认为磁性材料指的是铁、钴、镍以及它们的合金等能够直接或间接地产生磁性的物质。其实早就有实验证明，任何物质处于强磁场中都会或多或少地被磁化，只是铁、钴、镍是最容易被磁化的物质，所以我们通常说的磁性材料就是它们了。

　　对于磁性材料的研究，中国是当之无愧的先驱。中国是世界上最先发现物质磁性现象和应用磁性材料的国家。早在战国时期就有关于天然磁性材

《梦溪笔谈》是北宋沈括所著的笔记体著作，大约成书于1086~1093年。在此书中，沈括记载了四种指南针的使用方法，分别是水浮法、碗唇旋定法、指甲旋定法、缕悬法等。

▲ 电表中使用磁性材料

电磁炮是利用电磁发射技术制成的一种先进的动能杀伤武器。与传统的大炮将火药燃气压力作用于弹丸不同，电磁炮是利用电磁系统中电磁场的作用力，其作用的时间要长得多，可大大提高弹丸的速度和射程。因而引起了世界各国军事家们的关注。自20世纪80年代初期以来，电磁炮在未来武器的发展计划中已成为越来越重要的部分。

料的记载。11世纪就发明了制造人工永磁材料的方法。1086年沈括在其著作《梦溪笔谈》中就记载了指南针的制作和使用方法。1099~1102年，在其他文献中还有指南针用于航海的记述，同时还发现了地磁偏角的现象。当然，这些都是祖先们的功绩了，现代人对磁性材料的研究远远超出了这些。

磁性材料在我们生活中的应用十分广泛，电话、电视、电表、电机、记忆元件、微波元件，无处不见。磁性材料可以用于记录语言、音乐、图像信息的磁带，计算机的磁性存储设备，乘客乘车的凭证和票价结算的磁性卡等。正因为磁性材料的出现，才使我们的生活更加轻松自如，仅磁性卡这一项发明，我们的生活就发生了极大的改变，变得比以前便利多了。

在科技领域，磁性材料更是无处不见，隔离器、环行器、滤波器、衰减器、相移器、调制器、开关、限幅器及延迟线等，还有尚在发展中的许多尖端科技都有磁性材料的身影。

军工方面，利用磁性材料为核心制造的磁性水雷、电磁炮等都是现代武器中的佼佼者。

在磁性材料的未来，磁电共存这一基本规律将会使磁性材料和电子技术的发展密不可分，例如光电子技术和光磁性材料的研究，还有磁敏材料的研究，以及磁性液体的研究，都需高深的电子技术支持。

▼ 电话机的内部同样有磁性材料的身影

复合材料：样样俱到多面手

最早的复合材料的使用可以追溯到古代，那时人们用泥巴盖屋子时，为了使泥巴墙更为坚固，往往会在泥巴里混入稻草秸秆以达到目的，现在的乡村偶尔还可看见用这种方法盖的房子。而我们这里介绍的复合材料，早已不是泥巴混秸秆那么简单了，它们要发挥更重要的作用。

玻璃纤维

硼纤维又称硼丝。一种耐高温的无机纤维，具有高强度、高模量和相对密度小的特性。

复合材料指的是由两种或两种以上不同性质的材料，通过物理或者化学的方法，在宏观上组成具有新性能的材料。各种材料组合后在性能上相互取长补短，产生协同效应，使复合材料的综合性能优于原组成材料，而满足各种不同的要求。复合材料分为基体材料和增强型材料，按设计需要将增强型材料混入基体材料，然后用特定的方法加工，就产生了所需要的复合材料。

基体材料大致分为金属和非金属两类，金属类常用的有铜、钛、铝、镁及它们的合金。非金属基体材料主要包括橡胶、陶瓷、合成树脂、石墨、碳等。而增强材料常用的有石棉纤维、玻璃纤维、碳纤维、芳纶纤维、硼纤维、金属丝、晶须和各种硬质颗粒等。

复合材料中最为我们熟悉的大概就是钢筋混凝土和各种铝合金了，它们几乎充斥着我们生活的每个角落。但复合材料并不仅仅只有这两种，而是有无

▲ 碳纤维

蠕变：固体材料在保持应力不变的条件下，应变随时间延长而增加的现象。蠕变只要应力的作用时间相当长，它在应力小于弹性极限时也能出现。

数种，我们可以根据需要，选择合适的基体材料和增强材料来制作复合材料，所以，复合材料的功能在理论上是无穷的，这也正是复合材料在我们生活中被广泛应用和迅速发展的必然条件。

复合材料种类十分多，应用于科技发展的各个领域，而且很多复合材料都是根据需要特别制造的，所以在其领域内有无可比拟的优势。例如石墨纤维与树脂复合可得到膨胀系数几乎等于零的材料。在复合材料中，纤维增强材料应用最广、用量最大，其特点是比重小、比强度和比模量大。例如碳纤维与环氧树脂复合的材料，其比强度和比模量均比钢和铝合金大数倍，还具有优良的化学稳定性、减摩、耐磨、自润滑、耐热、耐疲劳、耐蠕变、消声、电绝缘等性能。这些优良特性都是单一材料难以达到的。

现在复合材料的研究方向主要集中在纳米复合材料、功能复合材料和塑木复合材料上。纳米复合材料研究方向主要包括纳米聚合物基复合材料、纳米碳管功能复合材料、纳米钨铜复合材料。而功能复合材料主要由功能体和增强体组成，力求得到功能更加完善先进的材料。塑木复合材料主要是以锯末、木渣、稻壳、秸秆、花生壳等价值很低的生物纤维与塑料合成的一种复合材料，既解决了生产垃圾又制造了新型材料，一举两得。

说起复合材料的应用，那就太宽泛了，往大了说航天飞机的高强度机身，往小了说我们天天戴在头上的合金镜框。复合材料充斥着生活的边边角角，给我们带来了极大的便利。而现在复合材料也被越来越多地应用于军工产业，复合材料制成的枪支及直升机等早就有过报道，相比于传统的金属材质，更加轻便，更加廉价，也更加耐用。

▼ 航空制造业已经开始大规模使用复合材料

压电陶瓷：打火机的秘密

街边一元一个的电子打火机，一按键，"啪"的一声，随着一道蓝色的电光，火焰立马腾腾燃起。曾几何时，你有没有好奇那蓝色的电光是从哪来的呢？还曾怀疑里面装有微型电池，想拆开来看下真面目却发现哪有什么电池，只有一些瓷块而已，其实，这些瓷块就是打火机的秘密——压电陶瓷。

电子打火机

麻省理工学院（Massachusetts Institute of Technology，缩写：MIT）是美国一所综合性私立大学，有"世界理工大学之最"的美名。

所谓压电效应是指某些介质，例如陶瓷在力的作用下，产生形变，引起介质表面带电，这是正压电效应。反之，施加激励电场，介质将产生机械变形，称逆压电效应。这么说太专业了，其实通俗地讲，就是在瞬间对陶瓷施加很大的压力后，陶瓷内部载流子发生定向移动形成瞬间电流。

1946年，在美国麻省理工学院绝缘实验室里，正在做实验的科学家们发现，他们如果在钛酸钡铁电陶瓷上施加直流高压电场，钛酸钡铁电陶瓷会自发极化沿电场方向择优取向，除去电场后仍能保持一定的剩余极化，使它具有压电效应。这就是关于压电陶瓷最早的研究。

压电陶瓷被发现并研制成功后，应用于许多方面，如压电点火器、移动X光源、炮弹引信等。利用其施加激励电场后介质会产生机械形变的特点，人们还把压电陶瓷用于探寻水下鱼群的位置和形状，对金属进行无损探伤，以及超声清洗、超声医疗，还可以做成各种超声切割器、焊接装置及烙铁，对塑料甚至金属进行加工。

MIT 无论是在美国还是全世界都有非常大的影响力，培养了众多对世界产生重大影响的人士，是全球高科技和高等研究的先驱领导大学，也是世界理工科精英的所在地。

▲ 打火器的内部就是压电陶瓷

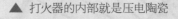

声呐是压电陶瓷的一种典型应用，它是利用声波在水下的传播特性，通过电声转换和信息处理，完成水下探测和通讯任务的电子设备。声呐是水声学中应用最广泛、最重要的一种装置。在海底航行的潜艇，就是靠声呐探测周边的情况的，声呐就好像是它们的眼镜一样。在海面行驶的船只，也可以用声呐来探测海面下的冰山、礁石。广泛应用声呐之后，"泰坦尼克"号式的悲剧就不再重演了。

压电陶瓷应用广泛，因为其结构简单，制造也十分方便，而且成本很低，但是它的性能却一点都不含糊。压电陶瓷具有敏感的特性，可以将极其微弱的机械振动转换成电信号，可用于声呐系统、气象探测、遥测环境保护、家用电器等。压电陶瓷对外力的敏感使它甚至可以感应到十几米外飞虫拍打翅膀对空气的扰动。

压电陶瓷除了这些常见的功能之外，还有一个十分神秘的用途，那就是制造防核护目镜。在有核辐射的地方戴上用透明压电陶瓷做成的护目镜后，当核爆炸产生的光辐射达到危险程度时，护目镜里的压电陶瓷就把它转变成瞬时高压电，在极短的时间里把光强度降到最低，等光强度恢复正常后再恢复到原来的状态，虽然结构原理都十分简单，但却有效地保护了人的眼睛受核爆产生的强光的伤害。而且这种眼镜也十分轻巧，安装在头盔上携带十分方便。

各种型号的压电陶瓷配件

保温材料：冬暖夏凉好去处

说起保温材料，它其实已经被广泛应用于我们的生活中了，暖水瓶、保温杯就可以算是保温技术的应用。这些细微方面的应用都切实地改变着我们的生活，若是将保温材料推广到更多的地方，价值将不可限量。例如房屋建筑，那时，我们住的房子将会变得冬暖夏凉，更适宜居住。

矿物棉制成的保温材料

保温材料其实是一种绝热材料，传统建筑中往往会忽略它的作用。用传统建筑材料砌成的墙只有挡风遮雨的功用，对冬暖夏凉的追求，使人们研发出了很多优秀的绝热材料，如矿物棉制品，塑料泡沫、矿物喷涂棉、发泡水泥、泡沫玻璃、膨胀珍珠岩制品等。现在保温材料已经广泛应用于建筑业，用于建筑业的保温材料除了对导热系数有要求外, 对其吸水率、材料强度、易燃性等也有一定的要求, 力求所建设的房子除了冬暖夏凉外, 还要更加安全、更加舒适、更加科学。

尽管说起来很炫, 保温材料总是披着一层神秘的面纱, 但如果往简单了说, 我们衣服里所填充的棉花、羽绒, 还有麦秆、树叶等都属于保温材料, 也都常常被我们使用。除了这些耳熟能详的名词外, 还有一些高新科技衍生出的保温材料, 大概是你没有听说过的, 下面我们就来介绍高新保温材料。

矿物棉是由矿物原料制成的蓬松状短细纤维。包括岩石棉和矿渣棉。将天然岩石或冶金矿渣在冲天炉或池窑等设备内熔化后, 用喷吹法或离心法制取。

▼ 建筑工人正在使用发泡水泥

NAMI XUNQI——GAOKEJI YU CAILIAO

纳米寻奇——

高科技与材料

塑聚苯乙烯泡沫板，简称挤塑板，又名XPS板。挤塑板是由特殊工艺连续挤出发泡成型的材料，其表面形成的硬膜均匀平整，内部完全闭孔发泡连续均匀，成蜂窝状结构，因此具有高抗压、轻质、不吸水、不透气耐磨、不降解的特性。

镀锌钢丝网和热镀锌电焊网：大家要奇怪了吧，金属是热的良导体啊，热得快凉得也快，怎么能当做保温材料来使用呢？这你就不懂了吧，镀锌钢丝网一般选用优质低碳钢丝，通过精密的自动化机械技术电焊加工制成，网面平整，结构坚固，整体性强，钢丝网成型后进行镀锌处理，处理完成后，耐腐蚀性好，配合聚苯板等一起使用，使由于太过松散软弱的聚苯板变得坚固结实，这样结合使用，除了保温作用外还有一定的抗腐蚀和支撑作用。

发泡水泥保温材料：听到这个名词，大家一定又有疑问了，水泥不是要求密实坚固么？其实发泡水泥最早是德国研究使用的，在1980年左右传入我国，发泡水泥是通过发泡机械用机械的方式进行发泡，并充分地与水泥混合，然后浇筑施工或者注入模具制造成型。发泡水泥保温材料有很多优点，比如，如果使用发泡水泥当做保温材料的话，除了在保温性上有保障外，还会有良好的隔音效果，而且发泡水泥对环境的危害也相对较少，更重要的是它易制取，价格低廉，会给工程节约大笔资金。

挤塑板外墙保温材料：挤塑板全名叫做XPS聚苯乙烯挤塑板，为建筑物的外墙保温材料，挤塑板外墙保温材料是在建筑主体完工后，在底层砂浆上涂刷XPS专用界面剂。将拉毛XPS挤塑聚苯板用粘结砂浆按要求粘贴上墙，并使用塑料膨胀螺钉加以锚固。采用这种新型材料作为保温材料,防水层受到保护,避免热应力、紫外线以及其他因素对防水层的破坏;不必设置屋面排气系统;能保持长久的保温隔热功能。

科技日新月异飞速发展,以后一定会有更多功能更加强大、更加环保和便捷的新型材料造福我们的生活。

▼ 保温材料其实是一种绝热材料

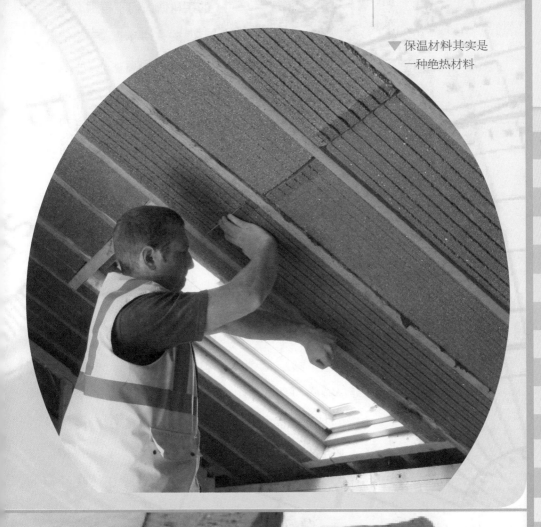

制表材料新贵

碳纤维手表

在20世纪80年代，手表还是"三大件"之一。有一块上海牌手表是令人羡慕的。而现在功能多样化的手机使人们不再那么热衷佩戴一块手表。手表的市场也慢慢高端化，手表不再仅仅是供人们了解时间的工具，运用更多高科技新型材料的手表渐渐成了身份的象征。

从材料学角度来说金属是很"软"的，金属的硬度最高为1000，所以不会被金属刮伤不代表一定是陶瓷制品。玻璃硬度为5000~6000，所以用玻璃来检验

碳纤维材料是一种现在常用的新型制表材料。这种材料目前主要应用在表盘和表壳的制造上。而在市场划分上，碳纤维材料手表多是一些户外运动手表，碳纤维独特的质感足以彰显时尚的个性和稀贵的特征。而需要特别指出的是，现在很多传统的古典老品牌，在保留其传统工艺和理念的同时，也在大胆地吸收和借鉴现代科技成果，在传统经典的

款式上不同程度地使用碳纤维材料。在这种理念下
生产出来的手表既具有传统气息，还有时尚魅力，
很受市场欢迎。

陶瓷制品比金属可靠些
（高科技陶瓷硬度为
10000 左右）。

　　人类制作陶瓷的历史相当久远，陶瓷可说是人
类最古老的生产技术之一。传统陶瓷由黏土或含有
黏土的混合物经混炼、成形、煅烧而成，传统
陶瓷给人的印象是质硬易碎。而用现代
工艺生产的新型陶瓷却具有硬度
高、抗划痕、颜色

▲ 陶瓷手表

钛合金多是由钛和铝、钒、镍、钼等元素构成，其主要特点是比强度高，耐腐蚀，中低温性能好，同时还具有超导、记忆、储氢等特殊性能。其特性非常适合太空与海洋的环境，所以钛合金又被称为航空金属和海洋金属。

持久、皮肤友好等特点。这些特点让新型陶瓷成为制表行业的新宠。作为制表材料的陶瓷在成形后还要对表面进行打磨、抛光，最终形成令人喜爱的润滑的表面质感。而现在市场上的陶瓷手表很多，真假难辨，现在教你两个小窍门挑选真正的陶瓷手表。第一，看重量。陶瓷材料本身比较轻，所以通常会觉得比金属表重。第二，看硬度。新型陶瓷材料是一种很硬的材料，在商家允许的情况下可以用玻璃——而不是金属，金属其实是一种相对较软的材料——去划一划表面，真正的陶瓷材料是不会留下痕迹的。

钛在地壳中的蕴藏量仅次于铝、铁、镁而居第四位。但是地球上的钛多以化合态存在，而且极难冶炼，所以钛的储量虽多，但使用却很少。一般物以稀为贵，因而钛也就成了一种相对昂贵的金属材料。制表行业也是在最近几年才开始使用钛合金这种前沿高科技材料的。因为钛具有一些其他金属不具备的特性和优势，比如密度低、强度高，不怕汗水侵蚀等。而这些特性正是运动类手表所看重和追求的。

对于橡胶表带我们并不陌生。而硅胶作为表带材质的新宠，在运动表与潜水表中经常出现。硅胶比一般纯有机橡胶具有更好的耐高、低温性能，而且颜色绚丽多变。这些卓越特性使它深受年轻人的欢迎，与天然橡胶相比，它也不会有细菌滋生，且其表面张力很低，不易被汗水和雨水浸泡变形，还具有较强的防水腐蚀性能。硅胶成品在自然环境下的使用寿命可达几十年。因此，硅胶表在军表、户外用表市场也大受欢迎。

▲ 运动类手表常使用钛金属材料

隔音材料：干掉顺风耳

每当我们在KTV酣畅淋漓的大声唱歌时，是否考虑过屋外的人能不能听到自己的歌声呢？声如天籁自然不怕被人听到，可听久了那也烦啊，如果来了天生"破锣嗓子"那更是可怕。有了隔音材料，就再也不用担心这些问题了，天籁不外传，不怕隔墙有双顺风耳，所有声音遇见隔音材料统统被隔断。

隔音材料具有显著隔断噪音的效果

　　隔音材料是一种能把空气中传播的噪音隔绝、隔断、分离的一种材料、构件或结构。凡是能用来阻隔噪音的材料或结构，都可以成为隔音材料，所以隔音材料五花八门。其实，所有的物质都是可以阻隔噪音的，只是大部分材料的隔音效果很弱，所以一般只把那些阻断噪声效果显著的材料叫做隔音材料。我们常见的隔音材料有实心砖块、钢筋混泥土墙、木板、石膏板、铁板、隔音毡、纤维板等等。

声音是以波的形式传播的，隔音材料在物理上有一定弹性，当声波入射时便激发振动在隔层内传播，这些材料会削弱声波的能量，所以就起到了降低噪音的效果。举个形象的例子，就像两个人面对面说话，有人在你们之间用一整块纸板把你们隔开了，你会发现对面那人说话的声音变小了，实际上他说话的声音并没有变小，而是在穿过纸板时被纸板削弱了，所以你觉得声音变小了。在这里，纸板就扮演了隔音材料的角色。

隔音材料绝大部分是被用在建筑业上，在建筑业里隔音材料的使用一般有以下几条规律。

质量定律：一般同一种物质的质量越大，即材料越厚，其隔音效果就越好。

共振频率：材料的共振频率与声音的共振频率越接近，隔音效果越好。板缝和孔洞效应：隔音材料的隔音效果与其完整性有很大的关系，同样的两块隔音材料，若其中一块上有极小的缝隙或者孔洞，其隔音效果就会比另一块差得多。

声源体发生振动会引起四周空气振荡，那种振荡方式就是声波。声音以波的形式传播着，我们把它叫做声波。因声波入射角度造成的声波作用与隔墙中弯曲波传播速度相吻合而使隔声量降低的现象，叫做吻合效应。

▼ 吸音材料的工作原理大不相同

吸音材料（吸声材料）：任何材料对声音都能吸收，只是吸收程度有很大的不同。通常是将平均吸声系数大于0.2的材料，称为吸声材料。它的工作原理是当声音传入构件材料表面时，声音一部分被反射，一部分穿透材料，还有一部分由于构件材料的振动或声音在其中传播时与周围介质摩擦，由声能转化成热能，声能被损耗，即通常所说声音被材料吸收。

吻合效应：吻合效应是一个非常复杂的概念，简单说呢就是当声波接触隔音材料后，隔音材料会发生极微小的振动变形，若这个振动变形量达到某一特定值，声音就会被大大减小。

在我们生活中用来屏蔽噪音的除了隔音材料外，还有一类材料叫吸音材料，虽然它们有共同的作用，但是工作原理却大不相同。吸音材料的工作原理不像隔音材料那样通过阻隔声音的传输来达到削弱声音的目的，而是像电影《哈利波特》中伏地魔吸收小波特的力量一样，把声音的很大一部分能量吸收了，达到降低声音的效果。

▶ 实心砖块也是常见的隔音材料

第二篇
关系重大的新材料

核材料：核能安全吗？

纳米寻奇——高科技与材料

　　在我国一次原子弹航投实验中，原子弹坠地被摔裂。邓稼先深知危险，却一个人抢上前去把摔破的原子弹碎片拿到手里仔细检验。事后发现在他的小便中带有放射性物质，他的肝脏受损，骨髓里也侵入了放射物，我国的核事业正是在许多这样的牺牲下发展起来的，他们在保护了国家安危的同时，也提高了我国的国际地位。而现在，核材料更多地被应用于造福人类，比如发电，可是，核能真的像我们想的那么好吗？

核电站是安全的吗？

　　1957 年，全世界首次核电站事故在坎布里亚郡西部的温士盖发生了。反应堆发生火灾，导致放射线

42

被释放出来，以至于周围农场的牛奶被禁止销售。

1986 年发生了历史上最严重的切尔诺贝利核电站事故，一个反应堆发生了爆炸，当场炸死几十人，后来由于辐射的危害，几十万人相继死亡，参与救援的人也几乎无一幸免。

2011年3月11日发生的里氏9.0级地震导致福岛县两座核电站反应堆发生故障，其中1号反应堆震后发生异常导致核蒸汽泄漏，并于3月12日发生爆炸。福岛第一核电站3号机组反应堆随后几天也发生爆炸。

在一个个核事故发生以后，我们不禁要问，核能真的安全吗？

要知道，核辐射对人体的危害十分大，会导致白细胞数量减少、呕吐、食欲减退、暂时性脱发、红细胞减少，严重的会使骨骼和骨密度遭到破坏，红细

核废料的处理：由于核材料的高度危险性，核废料的处理也至关重要，核废料首先要被制成玻璃化固体，然后被装入可屏蔽辐射的金属罐中，最后人们将这些金属罐放入位于地下500~1000米的处置库内。由于核废料的半衰期从几万年到十万年不等，在选择处置库时必须确保其地质条件能够保障处置库至少能在十万年内安全。

切尔诺贝利核电站事故是历史上最严重的核电站事故

核事故的分级：核事故分为7级，类似于地震级别，灾难影响最低的级别位于最下方，影响最大的级别位于最上方。最低级别为1级核事故，最高级别为7级核事故。但是相比于地震级别，核事故等级评定往往缺少精密数据。一般是在发生之后通过造成的影响和损失来评估等级。所有的7个核事故等级又被划分为两个不同的阶段。最低影响的3个等级被称为核事件，最高的4个等级被称为核事故。7级核事故历史上仅有两例，分别是1986年切尔诺贝利事故和2011年福岛第一核电站核泄漏事故。

纳米寻奇——高科技与材料

胞和白细胞数量极度减少，有内出血、呕吐、腹泻症状，甚至导致死亡。

要想了解核电站为什么会发生事故，首先我们需要了解核反应堆的工作原理，其实它和其他的发电站很相似，不过它们生成热量的方式并不是使用煤炭或煤气，而是利用核裂变反应。在大部分情况下，核反应产生的热量会将水转变为蒸汽，继而驱动涡轮机发电。

核电站使用的是一种叫做"铀"的原料，铀有许多同位素，而在核电站中所使用的是铀235这一类，因为这些原子最容易一分为二。由于铀235很稀有，占天然铀的含量不足 1%，所以必须提高浓度，让燃料中有 2%~3% 的含量。

在核反应堆中，铀棒排列成束，浸入一个巨大的耐压水箱中。当反应开始后，被称为中子的高速粒子会撞击铀原子，导致铀原子一分为二，这一过程被称为"核裂变"。这一过程释放出大量能量和更多的中子，于是继续发生碰撞，引发连锁反应。这股能量使水加热，然后热水通过管道输送到蒸汽发生器中。

为了确保发电站不会过热，人们将使用吸收中子的材料制作的控制棒放入反应堆下面。整个反应都包裹在一层厚厚的混凝土防护层里面，避免辐射泄漏到外界环境中。一些组织反对核电站，因为它们会产生放射性废料，而如果发生事故可能会释放出放射性物质。但核电站并不会释放温室气体，只有以煤炭和煤气为燃料的发电站才会释放温室气体，造成全球变暖。如果没有核电站，英国的碳排量将会比现在高出 5%~12%。

　　核电站发电不会像化石燃料发电那样污染到大气，也不会产生加重地球温室效应的二氧化碳。在核能发电的成本中，燃料费用所占的比例较低，核能发电的成本不易受到国际经济形势影响，所以发电成本也比其他发电方法稳定。但是，核电厂的反应器内有大量的放射性物质，如果在事故中释放到外界环境，会对生态及民众造成伤害。所以使用核电一定要小心啊。

▼ 日本福岛核电站事故再次引发人们对核安全的忧虑

记忆合金：
有记忆的合金

鱼是永远快乐的动物，据说它的记忆只有七秒，每过七秒，面对的就是一个崭新的世界，它会忘却自己所有的苦痛和悲伤，以一个全新的角度去看这个世界。

其实，不仅仅是人类和动物有记忆，无知无觉的金属也有，这到底是怎么回事呢？

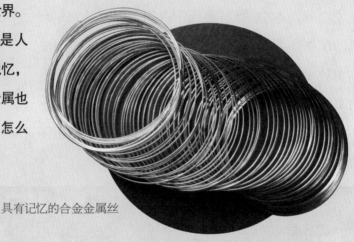

具有记忆的合金金属丝

谈到合金，当然要讲最有趣的合金——记忆合金。金属具有记忆，来自一个偶然的发现：在20世纪60年代初，美国海军的一个研究小组用从仓库领来的一些镍钛合金丝做实验，这些合金丝弯弯曲曲，使用起来很不方便，于是他们就把这些合金丝一根根拉直。在实验过程中，奇怪的现象发生了，当温度升到一定的数值时，这些已经拉直的镍钛合金丝突然又恢复到原来的弯曲状态，研究小组对这种现象感到十分惊奇，又反复做了多次试验，结果证实了这些细丝确实具有"记忆"。

　　美国海军研究所的这一发现，立即引起了科学界的极大兴趣，许多科学家对此进行了深入的研究。相继发现铜锌合金、铜铝镍合金、铜钼镍合金等也都具有这种奇特的本领。人们可以在一定的范围内，根据需要改变这些合金的形状，到了某一特定的温度，它们就自动恢复到自己原来的形状，而且这"改变—恢复"可以多次重复进行，不管怎么改变，它们总是能记住自己当时的形状，到了这一温度，就丝毫不差地原形再现。人们把这种现象叫做"形状记忆效应"，把具有这种形状记忆效应的金属叫做"形状记忆合金"，简称"记忆合金"。

NAMI XUNQI —GAOKEJI YU CAILIAO

　　有一部关于删除记忆的电影《美丽心灵的永恒阳光》，主人公约尔为了摆脱失恋的痛苦，去记忆诊所寻求帮助，记忆清除程序开始启动，约尔在自己的记忆中游走，他发现和克莱斯汀一起度过的那些时光，无论是痛苦还是甜蜜，都弥足珍贵，他并不想忘记这个自己深爱的女人。但是，程序一旦启动就无法逆转，约尔只能想尽办法把克莱斯汀藏到记忆最深的地方，那些现实中克莱斯汀本来没有出现过的时间角落，以保存这份爱情……

◀ 记忆合金可以制作成多种温控器件

形状记忆合金可以分为三种：

1. 单程记忆效应

形状记忆合金在较低的温度下变形，加热后可恢复变形前的形状，这种只在加热过程中存在的形状记忆现象称为单程记忆效应。

2. 双程记忆效应

某些合金加热时恢复高温相形状，冷却时又能恢复低温相形状，称为双程记忆效应。

3. 全程记忆效应

加热时恢复高温相形状，冷却时变为形状相同而取向相反的低温相形状，称为全程记忆效应。

其实，金属具有记忆很早就被发现了：把一根直铁丝弯成直角（90°），一松开，它就要回复一点，形成大于90°的角度。把一根弯铁丝调直，必须把它折到超过180°后再松开，这样它就能正好回复到直线状态。还有记忆力更好的合金就是弹簧（这里所说的是钢制弹簧，钢是铁碳合金），弹簧牢牢地记住了自己的形状，外力一撤除，马上回复到自己原来的样子，只是弹簧的记忆温度很宽，不像记忆合金这样有一个特定的转变温度，从而产生了一些特别的功用。

为什么记忆合金能具有这种形状记忆效应呢？它们是怎样记住自己原形的呢？原来，这只是利用某些合金在固态时其晶体结构随温度发生变化的规律而已。例如，镍钛合金在40℃以上和40℃以下的晶体结构是不同的，但温度在40℃上下变化时，合金就会收缩或膨胀，使得它的形态发生变化。这里，40℃就是镍钛记忆合金的"变态温度"。各种合金都有自己的变态温度，上述那种高温合金的变态温度很高，在高温时它被做成螺旋状而处于稳定状态。在室温下强行把它拉直时，它却处于不稳定状态，因此，只要把它加热到变态温度，它就立即恢复到原来处于稳定状态的螺旋形状了。

利用记忆合金在特定温度下的形变功能，可以制作多种温控器件，可以制作温控电路、温控阀门、温控的管道连接。人们已经利用记忆合金制作了自动的消防龙头——失火温度升高，记忆合金变形，使阀门开启，喷水救火。还制作了机械零件的连接、管道的连接，飞机的空中加油的接口处也是利用了记忆合金——两机油管套结后，利用电加热改变温度，接口处记忆合金变形，使接口紧密滴水（油）不漏。记忆合金也制成了宇宙空间站几百平方米的自展天线——先在地面上制成大面积的抛物线形或平面天线，折叠成一团，用飞船带到太空，温度转变，自展成原来的大面积和形状。

　　由于记忆合金的独特性质，它的用途正在不断地扩大。

NAMI XUNQI——GAOKEJI YU CAILIAO

▼ 飞机空中加油的接口处也是利用了记忆合金

汽车塑料：汽车材料发展的新方向

现今的生活越来越离不开汽车了，它把我们的生活变得快捷而便利，而且还增加了许多乐趣，有一辆好车不仅增加了乘车的安全系数，而且还能使自己心情舒畅，可是，你对汽车材料了解多少呢？

工程塑料制造的汽车配件

在我们国家，汽车已经俨然成为了一个大的产业，牵动着国民经济的命脉，汽车工业经过五十年已经得到了很大的发展。当前世界汽车材料技术主

▲ 汽车的金属结构在人们心中根深蒂固

要向轻量化与环保方向发展,说到轻量化,就不能不提塑料了。

塑料好就好在质量轻、不会锈蚀、耐冲击性好、透明度高和耐磨性好、绝缘性好、导热性低,一般成型性优良、着色性好、加工成本低等等,在汽车设计中采用大量的塑料,就能综合地反映出对汽车设计性能的要求,即轻量化、安全、防腐、造型和舒适性等,还有利于降低成本,节约材料资源。

但是,塑料材料应用的发展有着巨大的障碍,即使在内饰方面,在汽车产品及制造工程师的脑海

一个摄影师在暗房里的实验导致了最初的塑料的产生:亚历山大·帕克斯有许多爱好,摄影是其中之一。19 世纪时,人们还不能够像今天这样购买现成的照相胶片和化学药品,必须自己制作需要的东西。所以每个摄影师同时也必须是一个化学家。摄影中使用的材料之一是"胶棉",它

51

是一种"硝棉"溶液，即在酒精和醚中的硝酸盐纤维素溶液。当时它被用于把光敏的化学药品粘在玻璃上，来制作类似于今天照相胶片的同等物。在19世纪50年代，帕克斯查看了处理胶棉的不同方法。一天，他试着把胶棉与樟脑混合，使他惊奇的是，混合后产生了一种可弯曲的硬材料。帕克斯称该物质为"帕克辛"，那便是最早的塑料。

里，有一种"积累的知识和经验"——当涉及钢铁材料时，塑料就靠边站了。从乘坐系统中移除一些金属材料以便减轻车身重量，似乎是轻量化的好方法。大量试验的数据表明，金属座位结构在人们心中已根深蒂固，所以说用塑料取而代之的想法，就显得很不切实际了。

情况渐渐地有了转变，受到能源危机的威胁，世界各国的汽车工业都在为汽车轻量化做各种尝试。此外，消费者在需求层次、需求结构、需求品位方面的提高，以及轿车的乘坐舒适性、安全性、环保性、美观性等性能指标都已成为决定汽车产品市场成败的重要砝码。包括塑料在内的非金属材料在汽车上的应用正能满足这一需求。与此同时，工程塑料的优点越来越被汽车业界认识和接受，近几年工程塑料在汽车中的应用大幅增长。发达国家更是将汽车用塑料量的多少作为衡量汽车设计和制造水平的一个重要标志。

国际汽车塑料应用正在向着技术含量高、电子化、模块化、舒适、安全、环保方向发展。扩大塑料在汽车上的应用范围和技术水平：开发塑料在功能件上的应用，如多功能支架、仪表板托架、发动机护板等，塑料进气歧管等在国外汽车上也得到广泛应用；应用玻璃纤维增强热塑性塑料制作汽车部件，减轻汽车自重；采用先进的成型技术和设备(如气辅注塑、低压注塑)生产汽车塑料部件，从而提高产品质量。

在我国，汽车塑料行业存在着许多问题，由于我国在汽车塑料上的应用量还相对较少且起步较晚，汽车塑料专用树脂牌号少、生产工艺落后、产量低，因而在工程塑料尤其是高性能工程塑料的使用上相对落后。产品设计、模具设计和模具制造水平也有限，制造周期长，生产准备周期长，试制费用高，开发力量薄弱等问题都是我们汽车塑料行业所面临的严重问题。

◀ 汽车内饰所使用的塑料有很大的发展

高熵合金：让高熵合金飞一会儿

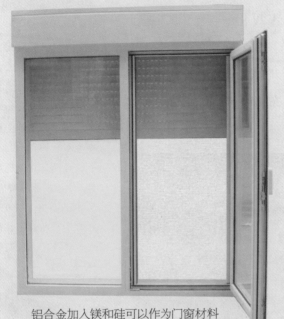

铝合金加入镁和硅可以作为门窗材料

你听说过高熵合金吗？高熵又指的是什么呢？高熵合金和传统合金不一样，传统合金几乎都是以一个元素为主合成的，而高熵合金则由多个元素所构成，具有较高的熵，这是被新发现的大陆，不仅多种多样、多姿多彩，而且有好多未知等待我们去发现呢。

熵具体来说是物质系统随意或者无序状态的一种量度，一个系统的量度越大，熵就越大。达雷尔·艾宾在《普通化学》这本教材里用对一副扑克牌的比喻来加以说

从传统角度讲，人类已经开发使用的合金有三十多个系统，每一个系统都是以一种元素为主，添加不同的元素可以产生不同的合金，比如铝合金，加入镁和硅可以作为具有中等强度的铝门窗材料，如果说加入适量的锌、镁、铜则能成为具有高强度的合金，可以应用于航空工业。我们不禁要

问，是否我们只有三十多种合金系统呢? 答案是否定的，一些研究人员跳出了传统合金的框架，提出了高熵合金的概念。

所谓的高熵合金就是由多种主要元素组成的的合金，其中每种元素的百分比不能超过35%，由于没有一种元素占据主导地位，所以表现出元素的集体特色，人们一般以为，多种主元素合金会产生多种混合物，不但难以分析，而且还会使材料变脆，缺乏应用性，但是后来人们发现，只要配比恰当，元素多时高熵效应会促进元素间的混合，通过合金的配方设计，会产生很多特性。获得高硬

明。一副刚刚从盒子里取出的扑克牌是按照花色从 A 到 K 的顺序排列的。可以说是处于有序状态，把牌一洗，扑克牌就处于无序状态。熵就是量度无序程度和确定再次洗牌后可能产生的特定结果的一种方法，如果要完全了解熵，还涉及很多概念，比如热不均匀性、晶格距离、理想配比关系等等。

▼ 铝合金加入锌、镁、铜则可以应用于航空制造业

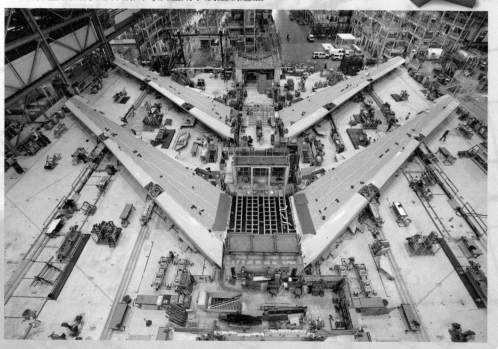

度、高加工硬化、耐高温软化、耐高温氧化、高电阻率等的合金，和传统合金相比有很多的优越性。

高熵合金是传统合金之外的新合金世界，它属于多种元素组成，其合金系数远远超过一般合金。而由于高熵效应，合金的微结构相对简化，又因为有多种原子，所以合金不易有效地扩散，这些因素使得高熵合金的热稳定性良好。高熵合金潜力巨大，在这个传统合金研究已经接近饱和的时代，它给合金工业打了一针强心剂。要知道，按照以往的合金思路，已经很难再创造新的合金系统。高熵合金的出现，就好像一种新的魔药，让现代"炼金师"们为之着迷。

高熵合金的用途广泛，它最擅长的领域是高硬度、耐磨、耐蚀、耐温的工具、模具、刀具，当然也可以做高尔夫球头的打击面，还可以用来制造高频变速器、磁屏蔽、磁头、磁碟。还被用于高频

▼ 高熵合金可以制作
高尔夫球头的打击面

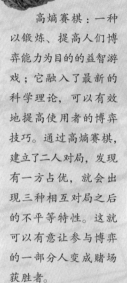

高熵赛棋：一种
以锻炼、提高人们博
弈能力为目的的益智游
戏；它融入了最新的
科学理论，可以有效
地提高使用者的博弈
技巧。通过高熵赛棋，
建立了二人对局，发现
有一方占优，就会出
现三种相互对局之后
的不平等特性。这就
可以有意让参与博弈
的一部分人变成赌场
获胜者。

软磁薄膜以及喇叭上，在热交换器及高温炉、超级
大楼的耐火骨架上也常常能看见它的身影。

纳米材料：费曼先生的纳米预言

当物理学家理查德·费曼在半个世纪前从餐厅回到美国物理学年会的的演讲台，一边回味鱼子酱的美味一边做出《在底部还有很大空间》的演讲时，他一定不知道，一扇纳米世界的大门就此缓缓地向人类敞开。

物理学家费曼认为物理学的规律不排除一个原子一个原子地制造物品的可能性

关于费曼的自传《别闹了，费曼先生》是一部很有意思的书，费曼得过诺贝尔奖，是现代最伟大的理论物

被称为爱因斯坦之后最睿智的物理学家的费曼，在一次物理学家年会上最早提出了关于纳米的观点，但是，这些观点没有引起广泛的重视。有时候，世界对于好的观点还缺乏思想准备。费曼说道，

"至少依我看来,物理学的规律不排除一个原子一个原子地制造物品的可能性。"并预言,"当我们对细微尺寸的物体加以控制的话,将极大地扩充我们获得物性的范围。"意思就是说在粒子水平上对物体进行构建,物质可以获得更多的性质,这些思想现在被视为纳米技术概念的灵感来源,可是要知道那时是20世纪60年代,控制细微物体以改变其性状,这听起来更像是在科幻电影里才有的桥段,那时距离他获得诺贝尔奖还有六年的时间。

在费曼的设想提出后,纳米技术近二十年没有较大的发展,其间只有日本的物理学家对纳米理论理学家之一。但他同时也可能是历史上唯一被按摩院请去画人体素描、偷偷打开放着原子弹机密文件的保险箱、在巴西桑巴乐团担任鼓手的科学家。他曾跟爱因斯坦和波尔等大师讨论物理问题,也曾在赌城跟职业赌徒研究输赢几率。

▲ 纳米是一个极其微小的尺度

众所周知，金属具有各种不同的颜色，如金子是金黄色的，银子是银白色的，可是，一旦所有材料都被制成超细粉末时，它们的颜色便一律都是黑色的：瓷器上的釉、染料以及各种金属统统变成了一种颜色——黑色。为什么无论什么材料，一旦制成纳米"小不点"，就都成了黑色的呢？原来，当材料的颗粒尺寸变到小于可见光波的波长（1×10^{-7}m 左右）时，它对光的反射能力变得非常低，大约低到小于1%。既然超细粉末对光的反射能力很小，我们见到的纳米材料便都是黑色的了。

有过一些设想。进入20世纪80年代后，情况得到了好转，1981扫描隧道显微镜（STM）的发明被广泛视为纳米元年，纳米时代才真正开始。随后经过各国科学家的不断努力，纳米作为一项技术被广泛应用于各个领域。

那么，纳米究竟是什么？要知道，纳米没有传说中的那么复杂，换个说法，它只是看世界的另一个角度，不过这个角度是基于一个极其微小的尺度上。

最简单地说，纳米是一个单位，1000000纳米=1毫米（mm）。举个例子来说，假设一根头发的直径是0.05毫米，把它径向平均剖成5万根，每根的厚度大约就是1纳米。也就是说，1纳米大约就是0.000001毫米。由此可见它的微小程度了。

而所谓的纳米材料，一言以蔽之，就是三维空间中至少有一维处于纳米尺度范围(1~100nm)，或由它们作为基本单元构成的材料，在物质处于纳米级别时性质会发生很大变化。再加上它的尺度已接近光的波长等因素，熔点、磁性、光学、导热、导电特性等都发生了变化，纳米材料因此具备了许多卓越的性质，从而在各个方面都有多种多样的应用。

▲ 纳米技术让科学家能够制造
出比苍蝇还要小很多的元件

LED材料：第四代光源的主力军

突然间意识到，我们的生活充满了LED，电梯上挂着LED显示屏，床头开着LED照明灯，演唱会上大家挥舞着LED光棒，大街上也都是LED广告，那么它是怎么融入我们生活的呢？

LED堪称是21世纪的新型光源

LED属于第四代光源，意思就是"发光二极管"，是一种能够将电能转化为可见光的固态的半导体器件，它可以直接把电转化为光而不消耗其他的能源。LED最早多用于指示灯、显示板，比如家用电器上的那些小光点。近年来，LED技术不断突破，不但可以发出光谱齐全的白光，而且亮度很高，可以用作照明。

　　LED堪称是21世纪的新型光源，它有其他光源不可企及的很多优点，首先它的发光效率很高、寿命很长、不易破损；其次，LED材料的体积小巧，基本上是一块很小的晶片被封装在环氧树脂里面，所

四代光源：人类历史上使用的照明光源，第一代是油灯（蜡烛），第二代是爱迪生发明的白炽灯，第三代是荧光灯，第四代是 LED 灯。

▼ LED光源可以用作移动电话的背景光

在选购电视的时候，很多电视上会标有 LED 和 LCD，你知道它们的区别吗？LED 是 Light Emitting Diode 即"发光二极管"的英文缩写，而 LCD 是 Liquid Crystal Display 即"液晶显示器"的含义，LCD 是总称，根据背光源不同，分为 LED 背光源液晶屏和 CCFL 背光源液晶屏

以它非常轻便。与此同时，LED耗电量相当低，直流驱动，超低功耗（消耗1瓦电所产生的光大概可以和消耗5瓦电的节能灯产生的光相当）。在照明效果相同的情况下，LED比白炽灯节能90%，比节能灯管要节能50%以上。另外，LED光源是真正的长寿灯，它属于固体冷光源，在恰当的电流和电压下，使用寿命可达6万到10万小时，比长寿命的节能灯管还要长寿两倍。这归功于简单的结构，灯体也没有松动的部分，不存在灯丝发光易烧、热沉积、光衰等缺点，所以极少发生意外损坏。

LED的另一个巨大的优点是它完完全全由无毒的材料做成，不像荧光灯含水银会造成污染，它也可以回收再利用。所以对环境的危害微乎其微。同时，它的光谱中没有紫外线和红外线，既没有了热量，也没有了辐射，这就避免了热污染，因此它属于典型的绿色照明光源。

LED的颜色有白色、绿色、红色和黄色，这几种颜色掺杂在一起就可以显示出各种各样的颜色。白光的LED主要应用于移动电话、数码相机、数字摄像机和便携游戏机上面，充当LCD背光源。在高端数码相机和数字摄像机上也经常能见到它的身影，取景器和图像重放显示器都需要高品质的图像，因而要用白光LED作背光源。

但是在目前，LED行业的处境十分尴尬。"产业

热得发烫，市场冷的发颤"是国内LED城市照明产业正在面临的困境，政府为了发展经济，鼓励选择国内品牌，而多数照明企业并不具备生产高质量LED灯产品的能力。产品质量也是良莠不齐，在光效、照明均匀度、显色性、使用寿命等方面均存在技术不稳定的问题，特别是光衰过于严重。在有些城市，LED路灯安装才两三个月的时间便不亮了。选择国外品牌可以保证质量，但要面临更高的成本负担。目前，国家已经在政策上扶持LED产业。相信不久这种情况就会有所改善。

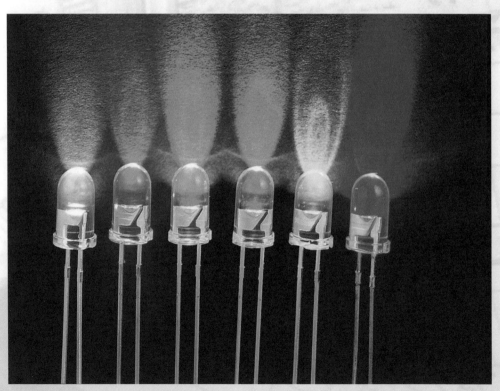

▲ LED光源有多种颜色可以选择和搭配

稀土材料：稀土不是土

在门捷列夫的元素周期表中，镧系元素是非常与众不同的。其他元素都是一个元素占据一个位置，而镧系却是15种元素占据同一个位置。

这15种元素有相似的化学性质，所以被放在了一起。钪和钇因为经常与镧系元素在矿床中共生，且化学性质也很相近，所以这17种元素经常被放在一起，还有一个并不非常妥当的名称：稀土元素。

稀土其实是多种元素的合称

"稀土"中的"土"实际上指的是氧化物，它们在地球上分布并不稀少。实际上它们在地壳内的含量相当高，最高的铈是地壳中第25丰富的元素，比铅

"稀土"这一名字有点名不符实，可以说它是战略性资源，并且一向供不应求，但却称不上是稀有之物。有些稀土金属在地壳中含量与镍、铜、锌、铅等不相上下。即使最罕见的两种（铥和镥）也比金含量高出200倍。含有稀土元素的矿物在世界范围内都能找到，尤其是亚利桑那州北部一带，那里

的铁矿把风景染成通红一片。然而，由于其化学性质，稀土元素很少富集到经济上可以开采的程度。稀土元素的名称正是源自其匮乏性。人类发现的第一种稀土矿物是从瑞典伊特比村的矿山中提取出的硅铍钇矿，许多稀土元素的名称正源自于此地。

　　稀土含量丰富但是出产量低的问题在于稀土分布虽然广泛，但是矿物集中分布地却很少。因此只有少数几个地方拥有稀土矿——澳大利亚、加拿大、中国、印度、南非以及美国等地——这些地方有些矿场被发现稀土含量适合开采。即使是这

还要高。而最低的"稀土金属"镥在地壳中的含量比金还要高出200倍。因此，国际纯粹与应用化学联合会现在已经废弃了"稀土金属"这个称呼。

爱国者导弹使用了稀土元素

中国是唯一能够提供全部17种稀土金属的国家，储量曾占世界的95%，是名副其实的"稀土大国"。然而，具有如此巨大潜力的中国稀土，多年来却被卖成了土的价格，国内各个地方也没有协调，争相出口，自然资源消耗得过于厉害。近年来，中国政府已经开始限制稀土出口。从中国角度来说，是从长远利益和经济利益考虑的。不仅中国在逐年加大对稀土资源的保护，美国早在1999年就已逐步停止开采本国的稀土资源。中国的近邻日本从1983年起就开始建立稀有金属储备制度和基地；韩国也在2008年决定采取官方和民间企业合作的方式，有计划地提高稀有金属储备规模。

样，在开采出来的主要矿物中稀土含量也只占到1%~2%。

稀土的特殊性在于它们能与其他元素发生化学反应，其效果是各种元素自身所不能达到的。利用这些稀土，就能制造各种重要器件，如小型电动机上所用的强力永磁体，彩电和平板显示器上所用的荧光粉，汽车和化学炼油厂所用的催化剂，混合动力及电力汽车所用的可充电电池，风力涡轮机里所用的发电机以及各种各样光学、医疗、军事仪器。举个例子，每辆丰田普瑞斯的镍合金电池里就有超过25磅（1磅=0.454千克）镧族金属材料。

稀土被应用于很多方面。比如在制造精密制导武器、雷达和夜视护镜等各种武器装备等方面都是不可缺少的。美国"爱国者"导弹之所以能精确拦截来袭导弹，得益于其制导系统中使用了大约4千克的钨钴磁体和钛铁硼磁体；美国"宙斯盾"系统的spy—1雷达也使用了由中国稀土所制成的磁铁。没有这些元素，这些武器就要"失明"。

2009年年底，美国波音787梦幻客机试飞成功。其主要结构由碳纤维合成材料与钛材料制成，在远航时能节省20%的燃料，排放的温室气体也更少。这款飞机采用的新型材料与稀土、有色金属等原材料有关。

　　中国的稀土储量为9000万吨，仅占世界总储量的24%，只不过中国的稀土开采量占了世界的85%。由于多年的不合理开采，中国稀土储量已经大幅下降。为了保护资源，国家逐年减少了对稀土的出口。中国正加紧对稀土材料的研究和开发，在节能环保、新能源等领域，稀土功能材料有着无可比拟的优势，稀土永磁、发光、催化、储氢、抛光等材料，一定会在不远的未来大放光彩。

◀ 波音787梦幻客机采用了与稀土有关的新型材料

生态环境材料：还你一个美丽的地球

你知道吗？自从塑料被发明并被广泛应用以来，带给我们方便的同时，也给我们的环境造成不可磨灭的伤害，一个塑料袋埋在土里一百年都不会降解，它更是造成很多海洋动物死亡的元凶，海洋动物在误食漂浮的塑料袋之后，由于塑料袋不可以被消化，可怜的动物们只能在痛苦中等待死亡，自从生态环境材料发明以后，这样的情况虽然仍很严峻，但是我们似乎已经可以看到，黎明已在前方。

塑料制品可能造成动物的死亡

在传统的材料生产过程中，存在着巨大的资源滥用和浪费。我们在创造人类文明的同时，也在不断地破坏人类赖以生存和发展的环境。传统的材料研究、开发与生产往往更多地追求使用性能，而忽视材料的生产、使用和废弃过程中消耗大量的能源和资源，更糟糕的是，同时还造成了严重的环境污染。

生态环境材料的出现可以说从某种程度上解决了这个问题，它们不但功能强大，仅仅需要消耗极少的资源和能源就能被制造出来，难能可贵的是它们污染小、再生循环利用率高，总的来说，生态环境材料对我们的环境是再合适不过的了。

生态环境材料中有这样一枝独秀，它的名字是"生物降解材料"，它最大的特点是在一定条件下能被细菌、霉菌、藻类那样的微生物降解。这是一种化学反应，在微生物活性的作用下，酶进入材料的

▼ 我们熟悉的信用卡中也加入了可降解性材料

减少塑料的使用方法：不要使用塑料袋盛垃圾——直接把垃圾倒入垃圾桶；买东西时，使用废布做的布袋子；避免买塑料瓶装饮料——尽可能选择玻璃瓶装的饮料，随身携带保温杯，叫咖啡销售员将咖啡倒入杯中而不要使用一次性杯子；上班时，带上自己的杯子；避免购买用塑料包装的食物；购买没有外包装的水果和蔬菜；用碱水或者醋清洁你的家，而不要用塑料瓶装的清洁剂；使用有自然香味的蜡烛或薰香，不要使用人造空气清香剂；不要用食品薄膜包裹剩饭——用铝纸或是蜡纸；用火柴，不要用塑料壳的打火机；购买可洗儿童尿布，不要购买一次性儿童尿布；购买用纸包装的卫生纸，而不是用塑料纸包装的卫生纸。

纳米寻奇——高科技与材料

世界十大环境问题：

①酸雨污染。

②温室效应（或全球变暖）。

③臭氧层破坏。

④土地沙漠化。

⑤森林面积减少。

⑥物种灭绝。

⑦水资源危机。

⑧水土流失。

⑨垃圾成灾。

⑩城市大气污染。

活性位置并渗透至聚合物的作用点，使聚合物发生水解，从而使聚合物的分子骨架发生断裂，成为小的链段，并最终断裂成稳定的小分子产物，产生二氧化碳和水，最终完成降解的全过程。

现在生物降解材料方面研究最热门的是医用生物降解高分子材料，特别是对聚乳酸(PLA)类医用高分子降解材料的研究，因为它无毒、无刺激性、强度高、易加工成型，而且具有优良的生物兼容性，能生物降解吸收，在生物体内经过酶解，最终分解成水和二氧化碳，所以可以广泛用于医疗等方面。

除此之外，生物降解材料的应用极为广泛，包括医药、农业、工业包装、家庭娱乐等。近年来做手术用的线就是一种生物降解材料，它在缝合伤口以后的一段时间内被水解成小分子参与到正常的代谢循环，最后被人体吸收或者排泄，从而减少拆线所造成的痛苦。在农业上，生物降解材料最终转化成提高土质的材料，主要有农用覆膜、药物的控制释放。在塑料卡中（如信用卡、IP卡等）加入降解性材料也能使其在废弃后迅速降解而不污染环境。

　　环境影响着我们的未来，我们的所作所为决定着我们的前途，选择了环保材料就选择了一个光明并且相对稳定的未来，它在保持资源平衡、能源平衡和环境平衡上都发挥着作用，并且在实现社会和经济的可持续发展等方面的作用正在加强，推动着我们奔赴更加美好的明天。

▼喝咖啡时避免使用一次性纸杯

硅纳米线太阳电池：
光之普罗米修斯

我们所拥有的一切能量说到底都来自太阳，太阳给我们光，让我们温暖，不再害怕黑暗，植物从光那里获取能量，合成有机物，正是那些有机物撑起了这个世界，让曾经冰冷的星球变得温情脉脉，直到现在，我们仍然与光密不可分，我们向光伸出双手，主动地索要能量。

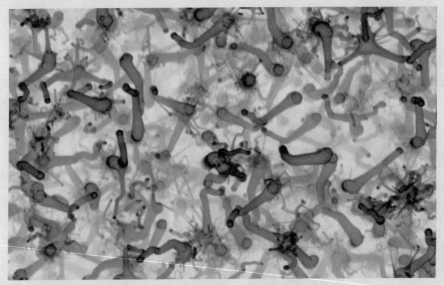

成长中的硅纳米线

从某种意义上说，人类是贪婪的，从能源的角度来看尤甚。随着人类对能源需求的不断增加，传统的能源已经不能满足我们的需求，我们不得不求助于其他资源，这样一来可再生能源尤其是太阳能越来越受到人们的重视。近几年，具有独特电子传输和光吸收特性的半导体纳米线结构材料受到了人们的关注，硅纳米线太阳能电池在提高转换效率、降低生产成本等方面都表现杰出。

半导体纳米线具有极低的光反射率，做成电池极为合适。硅纳米线太阳能电池在传统硅片电池的基础上制备合适的硅纳米线，减小了反射造成的太阳能的浪费，提高了电池的效率。纳米线的光吸收能力比普通的硅材料要强得多，其中对于短波的吸收比长波更为高效，这是因为光在纳米线结构中多次散射，如果优化纳米线的直径，并调整到合适的折射率，还

普罗米修斯：在希腊神话中，他是泰坦神族的神明之一，名字的意思是"先见之明"。传说普罗米修斯教会了人类很多知识。宙斯禁止人类用火，他就帮人类从奥林匹斯偷取了火，因此触怒宙斯。宙斯将他锁在高加索山的悬崖上，每天派一只鹰去吃他的肝，又让他的肝每天重新长上。几千年后，赫剌克勒斯为寻找金苹果来到悬崖边，把恶鹰射死，解救了盗火的普罗米修斯。

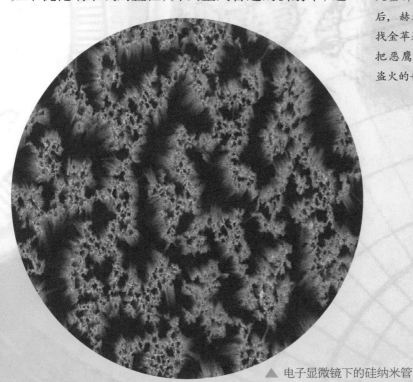

▲ 电子显微镜下的硅纳米管

多晶硅,是单质硅的一种形态。熔融的单质硅在过冷条件下凝固时,硅原子以金刚石晶格形态排列成许多晶核,如这些晶核长成晶面取向不同的晶粒,则这些晶粒结合起来,就结晶成多晶硅。目前太阳电池的发展趋势为单晶硅、多晶硅、带状硅、薄膜材料(包括微晶硅基薄膜、化合物基薄膜及染料薄膜)。

可以进一步增强光的吸收,减少反射。另外,硅纳米线对红外波段的吸收能力比其他波段要强。

如果把多晶硅做成纳米线结构,它的反射率会比传统工艺的多孔硅低,这样发电的效率就会大大提高。可是,纳米线作为减低反射层的硅太阳电池仍有很多问题要解决,主要的困难是在制造工艺方面,无电极化学腐蚀制备硅纳米线的机理还不完善,制备合适纳米线阵列的方法也亟待改进,目前制备硅纳米线使用金属纳米颗粒辅助无电极化学腐蚀的方法,产出的纳米线质量较低。因此,要大规模地制造纳米线多晶硅太阳能电池,还有一段路要走。

作为新型太阳电池材料,硅纳米线电池不仅仅具有优良的光吸收特性,还具备独特的电子传输性质,而且,它制造成本低廉,开发潜力巨大,它如盗火的普罗米修斯一样,给我们的生活带来更多幸福和希望。

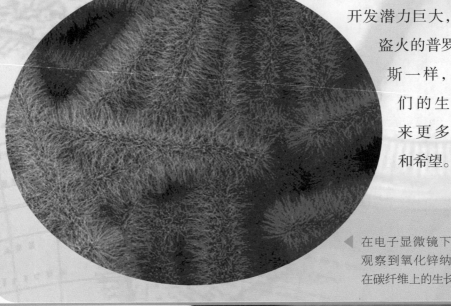

◀ 在电子显微镜下可以观察到氧化锌纳米线在碳纤维上的生长

第三篇
前景光明的实用材料

吸波材料：战斗机的"隐形斗篷"

　　科幻电影里造型前卫的战斗机在天空中自由翱翔，却总是能巧妙地避开雷达的监视，完成一项项看似不可能完成的任务，情节就好像童话故事里披着隐形斗篷的小英雄打败作恶多端的大魔王一样引人入胜。现在，这一切都不仅仅存在于科幻电影和童话故事里了，科学家们已经为我们准备好了惩奸除恶的秘密武器"隐形斗篷"，这就是一种神秘而又先进的新型材料——吸波材料。

F-117隐形战斗机

　　对军事有所了解的朋友们对美国的F-117及F-22A隐形战机应该很熟悉吧，在伊拉克战争中，F-117隐形轰炸机成功地迷惑了伊拉克的雷达，一次次游刃有余地完成了危险万分的轰炸任务，在伊拉克战争中功不可没。其实在伊拉克战争中大放异彩的F-117隐形轰炸机并不是真的看不见，相反，我们是能看到F-117的，这里说的隐形是针对雷达来说的，它能使雷达难以辨认目标，突破敌人的防备，完成任务。而完成这项任务的功臣，就是F-117轰炸机表面那些黑黢黢的油漆——吸波材料涂层。

F-117A 是美国前洛克希德公司研制的隐身攻击机。是世界上第一种可正式作战的隐身战斗机。设计始于 20 世纪 70 年代末，1981 年 6 月 15 日试飞成功。

NAMI XUNQI—GAOKEJI YU CAILIAO

▲ F-22A隐形战斗机

F-22战斗机（猛禽）是由美国洛克希德·马丁、波音和通用动力公司联合设计的新一代重型隐形战斗机。也是专家们所指的"第四代战斗机"。它将成为 21 世纪的主战机种。

吸波材料通常指的是电磁波吸收材料，前面说的被我们所熟知的涂层型吸波材料只是很多吸波材料中的一种。除涂层型吸波材料外，吸波材料还包括尖劈型、单层平板型、双层或多层平板型和结构型。

尖劈型主要是在泡沫塑料中加入炭精粉，然后再在外围加上一层高强度型泡沫塑料做保护层形成的，结构简单，效果也不太理想。

单层平板型相比于尖劈型，厚度薄，重量轻，可以依附在金属等表面进行工作，但它也有先天的不足，工作频率范围太窄。

双层或多层平板型则更为先进，它的工作频率范围更广阔，而且可以制成任意形状，日本NEC公司在这方面就是个中强手，NEC公司将铁氧体和金属短纤维均匀分散在合适的有机高分子树脂中制成复合材料，工作频带可拓宽40%~50%，但它也有厚度太大、成本较高、工艺复杂等缺陷。

结构型是吸波材料目前发展的一个重要方向，大致上是将吸波材料混入工程塑料，使其既有吸波特性又有载荷能力，是目前科技前沿的研究课题。

吸波材料在隐身技术，改善整机性能，安全保护微波暗室等方面都有十分重要的作用。在军事方面，如果在飞机、导弹、军舰等表面涂上吸波材料，可以吸收敌方雷达发出的侦查电波，反射衰弱信号，从而使敌人的雷达变成"睁眼瞎"，从而顺利地突破雷达防区，给敌人以致命一击。

除了用于战争，吸波材料还有很多其他的用途，像我们现在所处的环境里，手机、电脑、电视机，甚至你家的角落里最不引人注意的小电器都会发射电磁波，这些电磁波虽然强度很弱，但是对人的健康还是有一定影响的，同时，各电器件还会因为电磁波辐射而影响到彼此正常工作。如果有了吸波材料的加入，这些问题都会迎刃而解。

▼ 吸波材料可以轻易解决我们担心的电脑辐射问题

凯夫拉尼龙：
战士的保护神

近距离观察凯夫拉尼龙

战场上的环境瞬息万变，战士们冒着枪林弹雨冲锋杀敌，保卫国家，每每血洒战场，万众哀默。一腔热血为国的战士，鞠躬尽瘁死而后已，可是，他们何尝不想生还呢。第一次和第二次世界大战时，人们因为没有好的防护，牺牲无数，而在今天的战争中，专为战士设计的高强度尼龙——凯夫拉，完全能够保护战士不被流弹所伤。

把凯夫拉称为尼龙是一种错误的说法，只是人们习惯了这样叫而已。凯夫拉是20世纪60年代，美国杜邦公司研制出的一种新型复合材料——凯夫拉材料。凯夫拉实质上是一种芳纶复合材料，全称为"聚对苯二甲酰对苯二胺纤维"，凯夫拉是其商品名。这种材料坚韧耐磨、刚柔相济，具有刀枪不入的特殊本领，是制造避弹衣的理想材料。

　　根据军事专家的统计数据，战场上伤员总数的75%是由低速和中速流弹及炸弹的碎片造成的，而由子弹直接射击造成的伤害只占到总伤员人数的25%。而防御低速和中速流弹及炸弹碎片，正是避弹衣义不容辞的义务。

　　传统的避弹衣又重又厚，穿起来影响战士的行动，而凯夫拉制成的避弹衣则又轻又薄，有着不可比拟的优越性。传统避弹衣多采用尼龙和玻璃纤维，有的甚至采用内插钢板和硬质陶瓷来做流弹防护，其重量和厚度可想而知，作战人员穿上这样的避弹衣虽然有一定的防护作用，但是很大程度上却限制了作战人员的行动。

　　流弹是一个较为常见的枪击现象，它是指普通动能枪械击发后，击中了瞄准线（或弹道危险界）以外物体的弹头。天上掉下来的子弹，或者经过障碍物反弹的子弹，都属于流弹范围。

▼ 芳纶材料

纳米寻奇——

高科技与材料

芳纶全称为"聚对苯二甲酰对苯二胺"，英文为Aramid fiber，是一种新型高科技合成纤维，具有超高强度、高模量和耐高温、耐酸、耐碱、重量轻等优良性能，其强度是钢丝的5～6倍，模量为钢丝或玻璃纤维的2～3倍，韧性是钢丝的2倍，而重量仅为钢丝的1/5左右，在560℃的温度下，不分解、不融化。它具有良好的绝缘性和抗老化性能，具有很长的生命周期。芳纶的发现，被认为是材料界一个非常重要的历史进程。

使用凯夫拉制作的避弹衣，其重量比传统避弹衣至少减少50%，在单位面积相同的情况下，其防护能力却比传统的避弹衣至少提高一倍，并且凯夫拉拥有传统避弹衣所不可能具有的柔韧性。凯夫拉避弹衣仅重两到三千克，十分轻便而且穿着舒适，不影响作战士兵的行动，很快就被世界上许多国家所认可和采用。

由于凯夫拉材料坚韧耐磨、刚柔相济，具有刀枪不入的特殊本领，在军事上被称为"装甲卫士"。这装甲卫士的美名可不是白来的，凯夫拉在军事上不仅仅应用于避弹衣的制造，也常被用来加强坦克、装甲车的防护能力。目前，发达国家已将凯夫拉层压薄板与钢、铝板的复合装甲，广泛应用于坦克、装甲车，甚至用于核动力航空母舰及导弹驱逐舰。使用了防护性能好、质量小的新型材料，使这些庞大的作战机器的机动性能和防护性能都有了很大的改观。

据最新研究表明，凯夫拉与碳化硼等陶瓷复合材料是制造直升机驾驶舱和驾驶座的理想材料。它抵

御穿甲子弹的能力比玻璃钢和钢装甲好得多。

在民用方面，凯夫拉也有着突出的贡献，比如作为光纤的缓冲层，光纤是十分重要的通信方式之一，但其自身却特别脆弱，使用凯夫拉作为缓冲层包裹在光纤外，由于凯夫拉特有的柔韧性，可以保证光纤不会轻易损坏，在最外层再加上一层外皮，就真的是万无一失了。

▼ 凯夫拉尼龙是制造避弹衣的理想材料

左手材料：左？右？傻傻分不清

当你看到这个题目时，也许下意识的第一个动作就是看看自己的左手，再瞧瞧自己的右手吧！其实左手材料跟我们的左手右手一点关系都没有，看完下面的介绍，你就再也不会傻傻分不清楚了。

左手材料从来不遵守自然界的"右手规则"

左手材料最初是源于20世纪60年代苏联科学家的遐想，1968年，苏联物理学家维斯拉格等人首次提出了左手材料的假设。在此之前，在电场磁场等方面的研究都遵循经典物理学的"右手规则"，所以自然界中符合"右手规则"的节点材料就被顺理成章地叫成了"右手材料"。左手材料与右手材料恰恰相反，它从来都不遵守自然界的"右手规则"。

在材料力学中，右手螺旋定则是用来断定电磁铁的N、S极。四指弯曲就好像手里拿着螺线管，四指弯向表示电流环绕方向，则大拇指的指向为N极方向。

NAMI XUNQI—GAOKEJI YU CAILIAO

左手材料是相对于我们常见的那些遵循"右手规则"的材料来定义的。它指的是一类介电常数和磁导率都为负的材料，最主要的特点是电磁波在其内部传播时会与在通常材料里遵守的"右手规则"完全相反。由于其负磁导率的特性，使左手材料具有光的负折射率，也就是说光会自己"绕过"左手材料，没有光的反射，左手材料就能做到真正的隐形，单这一项特性，就值得科学家们去重点研究。

维斯拉格等人虽然首先提出左手材料的概念，但是他们的研究仅仅是停留在了理论层面，并没有在现实环境中找到左手材料。所以他们的观点没能被进一步的证实，以至于左手材料在很长一段时间里都没引起其

▲ 英国科学家潘德瑞

纳米寻奇——高科技与材料

美国杜克大学及中国东南大学的科学家近日宣布，他们已研制出一种可以扭曲微波的隐身斗篷。看来，实现《哈利波特》小说中的隐身斗篷的日子已经不远。该成果在 2009 年 1 月 16 日的美国《科学》杂志刊登。

他科学家的关注。直到1999年，英国科学家潘德瑞等人相继提出了可能构造左手材料的巧妙设计方法，该构想一经报道，立即引起了学术界的浓厚兴趣。2000年，实验终于获得突破性进展，美国加州大学史密斯教授首次在实验室中成功制造出了世界上第一块左手材料。

自第一块左手材料被制造出来以后，左手材料成了国际上许多知名的学术刊物上的明星，成为固体物理、光学材料科学和应用电磁学等领域的热门话题。左手材料的潜力不可估量，目前，最尖端的成果就是"超级透镜"的制作，曾提出左手材料构造方法给科学界带来巨大震动的英国科学家潘德瑞在2000年就曾建议利用左手材料来制作"超级透镜"（也称"理想棱镜"）。这一建议在2004年变成了现实，2004年2月，俄罗斯莫斯科理论与应用电磁学研究所的科学家们宣布他们研制成功一种具有超级分辨率的镜片——左手镜片，同年，加拿大多伦多大学的科学家制造出一种左手镜片。这一发明被评为2004年度国际物理学会最具影响的研究进展。

目前，关于左手材料的研究已列入了各国重点研究的项目。我国也不例外，在全国各大院校都有从事这方面研究的课题。哈尔滨工业大学、东南大学、香港科技大学、南京大学、同济大学、复旦大学、上海理工大学等高等学府在此方面的研究都有一定的建树。东南大学毫米波国家重点实验室长期从事计算电磁学与左手材料的研究，并于2009年获得重大突破，与美国杜克大学合作研制成功"隐身衣"，并独立制作出可吸收微波频段的"黑洞"。我国左手材料的研究与应用在不断延伸、发展。

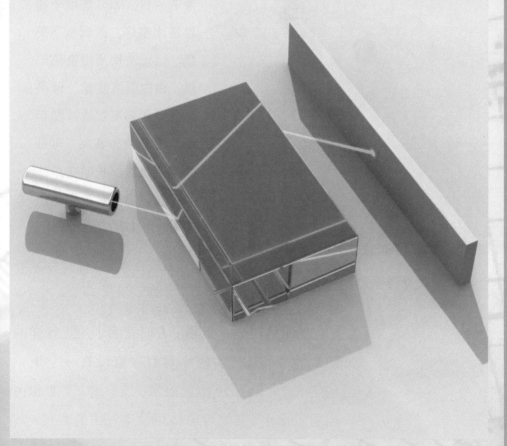

▲ 左手材料使得制造"隐身衣"成为可能

防水材料：建筑防水大功臣

防水相机已经不再是什么新鲜东西了

炎炎夏日，要是能在清凉的水里自由自在地嬉戏一番，那可谓人生一大乐事，可是却会担心随身携带的手机、MP3等电子器件进水损坏，遇到水下美景，也无法使用相机来记录，白白留下遗憾。但是这些问题都可以通过塑料袋、防水袋等解决，可是你是否想过，长期在户外的那些设备，怎么来防止雨水的侵袭呢？

为了解决这些问题，人们发明了各式各样的防水材料，但其实防水材料一直没有一个统一的定义，一般来说防止雨水、地下水、工业和民用的给排水、腐蚀性液体以及空气中的湿气、蒸汽等侵入建筑物的材料基本上都统称为"防水材料"。防水科技的不断发展也加快了防水材料种类的增加，在许多种防水材料中，做防水工程最常用的就是防水卷材和防水涂料！

在种类繁多的防水材料中，聚氨酯防水涂料是比较常用的一种。聚氨酯防水涂料是一种液态材料，就是我们常见到的油漆的一种，它以聚氨酯预聚体为基本成分，与空气中的湿气接触后固化，在基层表面形成一层坚韧的无接缝整体防水膜。相比普通油漆，它能够防水，而且更加清洁，这种材料无毒无气味，不会产生对人体有害的物质，既环保又健康。

防水透气膜是另外一种常用的防水材料，

　　SBS卷材属热塑性弹性体防水材料，常温施工，操作简便。高温不流淌、低温不脆裂、韧性强、弹性好、抗腐蚀、耐老化。用于各种建筑物的屋面、墙体、地下室、冷库、桥梁、水池等工程的防水、防渗、防潮、隔气等。

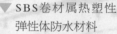

▼ SBS卷材属热塑性弹性体防水材料

无规聚丙烯（简称APP）是生产聚丙烯（等规聚丙烯）的副产物，用于APP（塑性体）改性沥青以及改性沥青防水卷材生产，生产热熔胶、改性涂料、橡塑、密封材料、纸张包装及电子绝缘材料等。

它是一种新型的高分子透气防水材料。防水透气膜的制作技术要比一般的防水材料高得多，具有其他防水材料所不具备的一些特点。防水透气膜在防水的同时还会使水汽迅速排出，避免霉菌滋生，改善空气质量。目前，德国在防水透气膜技术的研究上处于世界领先地位。

丙凝防水材料是另一大类常常用到的防水材料，丙凝防水材料全称丙凝防水防腐材料，环保无毒，是一种高聚物分子改性基高分子防水防腐系统。这种防水材料质量稳定可靠、寿命长、施工方便、长期浸泡在水里的寿命在50年以上，所以适用于大多数工业及民用建设。丙凝防水材料有很多优点，其中之一就是能在潮湿面进行施工，而且还具有很好的黏性，非常适合建筑使用。此外它还具有抗变形、抗震动、耐磨、气密性和抗水性好、无毒、无害、可用于饮水池施工使用，且施工安全、简单等优点。

防水材料是一项复杂的

研究，科学家们仍然在努力研发更加强大的防水材料。目前科学家们已经研制了膨润土防水材料、防水保温材料、防水剂、防水砂浆、合成高分子防水卷材、高聚物改性沥青防水卷材等新型的防水材料。

▼ 既能防水，又能透气的材料

耐火材料：火灾大克星

如今我们大家都住在高楼大厦里，一旦发生火灾，后果不堪设想。如果高层建筑下层发生特大火灾的话，住在上面的人则上天无路入地无门，只能眼睁睁地看着火势一点点地蔓延上来，却毫无办法应对，置自己于危险之中……

耐火材料可以给置身火灾的人们带去一线希望

耐火度又称耐熔度，耐火度不是物质的物理常数，而是一个技术指标，它的高低由物料的化学组成、分散度、液相在其中所占比例以及液相黏度等所决定。

这时，如果我们采用了耐火材料进行建造的话，无疑会给我们带来一息生的曙光，我们可以借由耐火材料具有的防火特性，争取到更多的时间，然后做好对烟雾的防护，也许我们就能等到救援人员的到来。

耐火材料指的是耐火度不低于1580℃的一类无机非金属材料。耐火度的概念是指耐火材料锥形体试样在没有荷重情况下，抵抗高温作用而不软化熔倒的摄氏温度。耐火材料目前广泛地应用于冶金、化工、石油、机械制造等行业,尤其是冶金行业对耐火材料的需求十分大,几乎占了耐火材料产量的50%~60%。而现在,耐火材料也已经被广泛地应用于广大民用设施中。

　　耐火材料与防水材料一样种类繁多,通常按耐火度高低分为普通耐火材料（1580~1770℃）、

▼ 硅酸钙耐火板

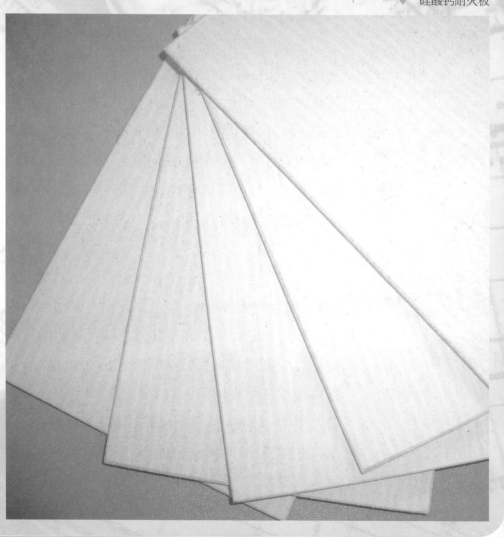

刚玉砖指的是氧化铝的含量大于90％，以刚玉为主晶相的耐火材料制品。AZS砖又称锆刚玉砖。AZS砖是在氧化铝配料中加入30％～41％的二氧化锆，主要矿物组成是刚玉、斜锆石和玻璃相。主要品种有熔铸锆刚玉砖和烧结锆刚玉砖。通常锆刚玉砖就是指烧结锆刚玉砖。

高级耐火材料（1770～2000℃）和特级耐火材料（2000℃以上）；按化学特性分为酸性耐火材料、中性耐火材料和碱性耐火材料。还有一些特别设计的适用于特殊场合的耐火材料。目前耐火材料的主要品种有酸性耐火材料、中性耐火材料、碱性耐火材料、氧化物耐火材料、高温复合耐火材料和难熔化合物耐火材料。

工业中经常使用的耐火材料有AZS砖、刚玉砖、直接结合镁铬砖、碳化硅砖、氮化硅结合碳化硅砖，氮化物、硅化物、硫化物、硼化物、碳化物等非氧化物耐火材料；氧化钙、氧化铬、氧化铝、氧化镁、氧化铍等耐火材料。还有以硅藻土制品、石棉制品、绝热板为原料制成的隔热材料。内夹防火芯板型防火阻燃门就是以此材料为门内填充材料来达到阻燃隔热效果的。

如今在这个领域处于领先地位的是散状耐火材料。散状耐火材料也称为"不定形耐火材料"，它是由合理级配的粒状和粉状料与结合剂共同组成的不经成型和烧成而直接供使用的耐火材料。我们常把构成不定形耐火材料的粒状材料称为"骨料"，称粉状材料为"掺合料"，结合剂称为"胶结剂"。这类材料无固定的外形，可制成浆状、泥膏状或松散状等形状，所以也通称为"散状耐火材料"。这种耐火材料还可构成无接缝的整体构筑物，所以有时候也称为"整体耐火材料"。除了以上制成不定形耐火材料的必须物质外，有时候我们为了满足其他特殊要求，还可以适当地加入些其他物质来微调它的性质。

▼ AZS耐火砖

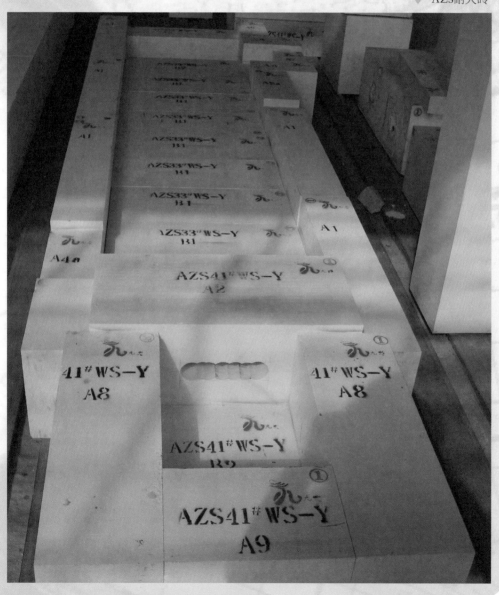

生物医学材料：
负距离的接触

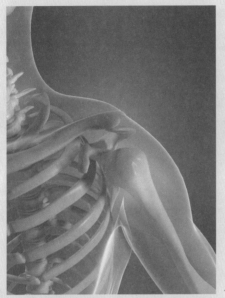

人的身体是非常奇妙的，它对于外界的事物永远只是选择性接受，合它胃口的，它会加以吸收合并，如果不对它的脾气，它就会想方设法地将其排挤出去，这就是排异，在排异的过程中，身体还会产生强烈的不适。对于生物医学材料来说，完全不会产生这样的问题。

人的身体是一个非常奇妙的组织系统

排异：生物体对非己的物质会产生排斥性的抗体，如将 A 型血输入 B 型血的人体内，B 型血人体就会产生抗体，这就是排异现象。排异现象往往产生极严重的后果，重者会危及生命。

顾名思义，生物医学材料是应用在生物身上的医学材料，由于它直接和生物体接触，应用于人工器官、外科修复、理疗康复、诊断等方面，所以对它的要求十分苛刻，它必须具有对生物体进行诊断、治疗、修复的功能，还需要有作为组织器官用于替换的功能。如果某人不幸在车祸中骨折了，就很可能用到它了，它被制成人造骨骼，在人体里起支撑作用。

　　我们知道,生物体中的组织器官是由不同的生物分子构成的。它们各司其职,共同维持着生物体的稳定,支持着生物体的生命活动。生物材料中有结构材料,包括骨、牙等硬组织材料和肌肉、腱、皮肤等软组织,除此之外还有许多功能材料所构成的功能部件,比如眼球晶状体。生物医学材料的作用就是模拟这些生物体内不同功能的材料和部件来制造人工材料的。它们不仅仅可以用于生物体,也可以用于非医学领域。前者可以是人工瓣膜、人工关节等;后者有模拟生物黏合剂、模拟酶、模拟生物膜等。

▼ 医用硅橡胶是美容外科中常见的生物材料

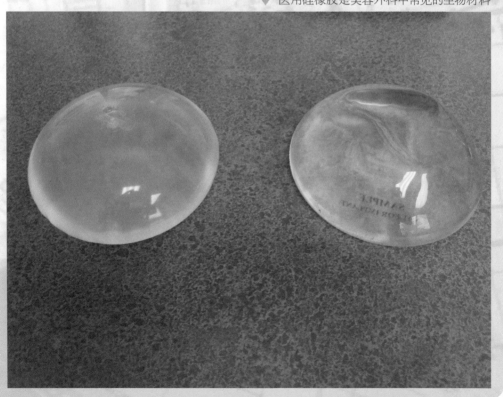

怎么制造你自己的人造骨骼？首先通过激光断层扫描技术（CT）获得所需植入骨骼的三维数据，然后根据这些数据由电脑控制激光束来熔化金属钛粉末，逐点铸造所需的人造骨骼，再将各点连接起来逐层铸造。这一工序是在一个可升降的平台上完成的，所以铸造完一层以后可通过调整平台高度重新铺撒金属粉末进行下一层的铸造工作，从而制造出患者所需要的人造骨骼。

由于生物医用材料直接用于人体，所以对它的要求也极为严格。首先，生物医用材料不能被人体所排异，它必须能够混淆人体免疫机制的视听，与人体交朋友。其次，要求它耐生物老化。材料的用途不同，要求的侧重点也不同。对长期植入的材料，其生物稳定性要好；对于暂时植入的材料，要求在确定时间内降解为可被人体吸收或代谢的无毒单体或片断。除此之外，生物材料的物理和力学性质必须稳定，易于加工成型，同时还要便于消毒灭菌、没有毒性。

有些生物医用材料的出镜率很高，比如医用硅橡胶，它在美容外科中十分常见. 还有骨骼代替品——人工骨，它的生物相容性很好，对骨骼的形成还有明显的诱导作用，在临床上的作用不可小觑。

生物医学材料的应用是开创性的、革命性的，人体组织和器官修复事业的发展，从简单的利用器械、机械固定发展到再生和重建有生命的人体组织和器宫；从短寿命的组织和器官的修复发展至永久性的修复和替换，可说是一次医学革命。正是这样一次次的医学革命，使得我们的生命在这个孤独的星球上有了更多的保障。

▼ 人工骨具有良好的生物相容性

10 mm

NAMI XUNQI
——GAOKEJI YU CAILIAO

碳纳米管：材料中的优等生

碳纳米管的厚度相当于一根头发丝的百分之一，但是强度比钢铁还高，潜在应用包括建造太空电梯或者防弹衣物。但问题是碳纳米管总是紧紧地相互纠结成一团，这就破坏了它自身的强度和传导性能。直到18岁的男孩菲利普·施特莱奇发明了独有的混合溶剂，让纠缠在一起的碳纳米管迅速解开。

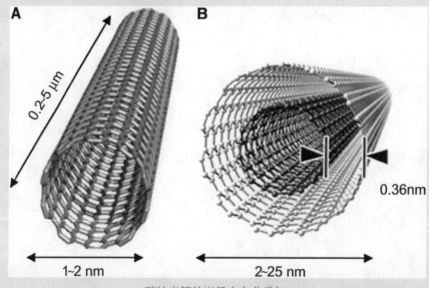

A 0.2-5 µm 1~2 nm

B 0.36nm 2~25 nm

碳纳米管的半径方向非常细

碳纳米管上极小的微粒就可以引起碳纳米管在电流中的摆

碳纳米管是在1991年1月由日本物理学家饭岛澄男发现的]。它是一种管状的碳分子，按照管子的层数不同，分为单壁碳纳米管和多壁碳纳米管。管子的半径方向非常细，只有纳米尺度，几万根碳纳米管并起来也只有一根头发丝宽，碳纳米管的名称也因此而来。而在轴向则可长达数十到数百微米。

碳纳米管具有良好的力学性能，抗拉强度是钢的100倍，密度却只有钢的1/6。碳纳米管的结构虽然与高分子材料的结构相似，但却比高分子材料稳定得多。碳纳米管是目前可制备出的具有最高比强度的材料。

碳纳米管还有另一个名字，那就是"超级纤维"。利用碳纳米管可以制成高强度碳纤维材料。碳纳米管制成的复合材料不仅力学性能优良，而且抗疲劳、材料尺寸稳定，滑动性能也不错，在土木、建筑、海洋工程等方面被大量使用。

碳纳米管的硬度与金刚石相当，却同时拥有良好的柔韧性，可以拉伸。研究人员曾将碳纳米管置于1011MPa的水压

动频率发生变化，利用这一点，在1999年，巴西和美国科学家发明了精度在10~17kg的"纳米秤"，能够称量单个病毒的质量。随后德国科学家研制出能称量单个原子的"纳米秤"。

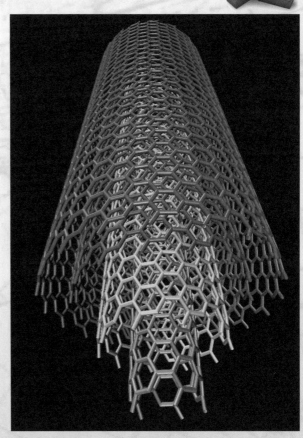

▲ 多壁碳纳米管

纳米寻奇——高科技与材料

世界上最小的温度计：物质材料研究所的研究人员发明了"碳纳米温度计"，这种温度计被认定为世界上最小的温度计并被列入了吉尼斯大全。由该所研究人员研制的这一"碳纳米温度计"用直径不到头发五百分之一的筒状碳纳米管制成。研究人员在长约千分之一毫米，直径仅为万分之一毫米的碳纳米管中充入呈液态的金属镓。当温度升高时，管中的液态镓就会膨胀，通过电子显微镜就能读取温度值。

下(相当于水下10000米深的压强)，由于巨大的压力，碳纳米管被压扁。撤去压力后，碳纳米管像弹簧一样立即恢复了形状，表现出良好的韧性。根据这一特性，人们可以利用碳纳米管制造轻薄的弹簧，用在汽车、火车上作为减震装置，能够大大减轻重量。

碳纳米管的熔点是目前已知材料中最高的。在碳纳米管的内部可以填充金属、氧化物等物质，这样碳纳米管就可以作为模具，首先用金属等物质灌满碳纳米管，再把碳层腐蚀掉，就可以制备出最细的纳米尺度的导线，或者全新的一维材料，在未来的分子电子学器件或纳米电子学器件中得到应用。有些碳纳米管本身还可以作为纳米尺度的导线。这样利用碳纳米管或者相关技术制备的微型导线可以置于硅芯片上，用来生产更加复杂的电路。

利用碳纳米管的性质可以制作出很多性能优异的复合材料。比如用碳纳米管材料增强的塑料力学性能优良、导电性好、耐腐蚀、屏蔽无线电波。使用水泥做基体的碳纳米管复合材料耐冲击性好、防静电、耐磨损、稳定性高，不易对环境造成影响。碳纳米管增强陶瓷强度高、抗冲击性能好。碳纳米管上由于存在五元环的缺陷，增强了反应活性，在高温和其他物质存在的条件下，碳纳米管容易在端面处打开，形成一个管子，极易被金属浸润，和金属形成金属基复合材料。这样的材料强度高、模量高、耐高温、热膨胀系数小、抵抗热变性能强。

▼ 碳纳米管硬度与金刚石相当，但拥有良好的柔韧性

隐形材料：隐形斗篷下的世界

想必大家都看过《哈利·波特》吧，一定对其中的隐形斗篷印象颇深吧。是否曾经暗暗地想，要是我有那么一个隐形斗篷，谁都看不见我，那我要去……先从美好的幻想里回来，告诉你一个好消息吧，这种隐形斗篷离我们的距离似乎不再遥远，苏格兰的科学家发明了一种可操作光的柔性材料，虽然说仅仅在起步阶段，但是一想到隐形斗篷能成为现实，多么令人振奋啊。

安德烈·迪·法尔科博士发明了一种可操作光的柔性材料

爱因斯坦的相对论意义极为巨大，但同时也以难懂著称，为了解释他的相对论，

在安德鲁大学的安德烈·迪·法尔科博士不仅是个物理学家，而且是个科幻迷，在他内心有着隐秘而疯狂的梦想：创造出哈利·波特的隐形斗篷。其实制造隐形斗篷所需的原理很简单，所

有材料都会通过散射、反射和吸收等方式改变照射到它们的光线。人之所以能看到物体，是因为物体阻挡了光波通过。若用具有负折射率的超材料覆盖在物体表面，便能引着被物体阻挡的光线弯曲并"绕着走"，那么光线就似乎没有受到任何阻挡。在观察者看来，物体就似乎变得"不存在"了，从而也就实现了视觉隐形。广义相对论告诉人们，时间和空间可以"弯曲"，实际上通过一些光学技术也能弯曲空间里的光线，斗篷能够隐形的原理就是使斗篷周围的光线弯曲，就像小溪绕过一块石头流动那样，这样人们就看不见斗篷和斗篷里面的物体了。

安德烈·迪·法尔科教授先是尝试着用了一种超材料（MMS），这种材料不属于在自然界中

爱因斯坦曾作了许多有趣的解说。有一次，一位中年男子请求爱因斯坦解释他那闻名于世的相对论。爱因斯坦很诚恳地用数学为这个人解释，但不幸，这人不懂数学，于是爱因斯坦只好换一种方式，用极浅显的语言来说明相对论，但这人仍然不懂。最后，爱因斯坦问那人是不是有丈母娘，那人回答说："有。"于是，这位天才科学家便很高兴地说："那就成了。假使你刚度过两个星期的蜜月，到第三个星期，你的丈母娘来了，在你那儿住了两个星期。这前后两个星期的时间虽然一样，而你的感觉却大不相同，这便是相对论。

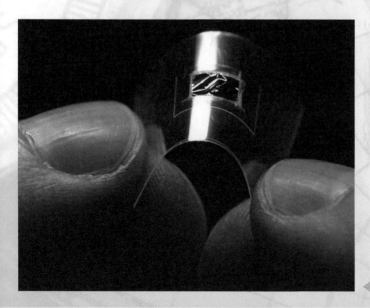

◀ Metaflex薄膜

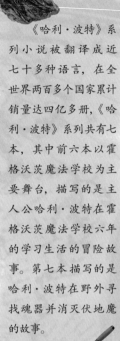

《哈利·波特》系列小说被翻译成近七十多种语言，在全世界两百多个国家累计销量达四亿多册，《哈利·波特》系列共有七本，其中前六本以霍格沃茨魔法学校为主要舞台，描写的是主人公哈利·波特在霍格沃茨魔法学校六年的学习生活的冒险故事。第七本描写的是哈利·波特在野外寻找魂器并消灭伏地魔的故事。

发现的具有电磁性能的材料，它有着独特的光学特性，但是在硬度方面并不尽如人意，还不足以称为隐形斗篷，安德烈·迪·法尔科博士利用新技术从该原子构成的那种硬质材料表面分离出了该原子的中子，从而创造出一种柔韧的超材料"membranes（细胞膜）"。在可见光区域内，这种材料可以改变波长为纳米左右的光的路线，光围绕在物体周围，就像水流绕着石块流动，而不会被物体吸收。

也有科学家做过这样一个实验：首先使用一种叫做"径直激光平版刻录"技术建立了由微型塑料棒构成的隐形材料片，这些微型塑料棒之间的间隔仅有千分之一毫米，它能够改变物体的折射率。研究人员将一片隐形材料覆盖在一个带有突起的金片上，使用红外照相仪观测发生的变化。当隐形斗篷覆盖在上面时，它改变了突起的金片周围的光线，从而使金片变得平坦。这个实验相当于在地毯下隐藏一种物体，并且能使它和地毯一起消失。

目前为止，隐形斗篷还在研究阶段，并不成熟。但是这项研究本身就证实着人类向着梦想挺进的勇气以及梦想的力量。

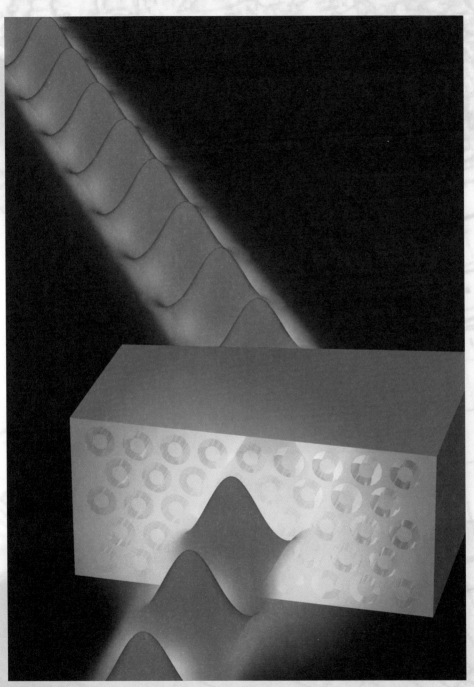

▲ 超材料使得操纵光成为可能

钛泡沫材料：
金刚狼的利爪

看过科幻电影《X战警》的人们都会清晰地记得"金刚狼"，他可以从骨骼中伸出锋利的金属爪作为武器来攻击别人。近日，德国科学家成功研制一种钛泡沫材料，可用于骨骼受损患者的骨骼更换和骨骼增强，这意味着"金刚狼"不再孤单，有可能成为现实。

"金刚狼"与他锋利的金属爪

金刚狼是出现在惊奇漫画 (Marvel) 中的超级英雄。首次出现于《不可思议的绿巨人》(The Incredible Hulk)。金刚狼是 X 战警中的一员，他拥有急速自愈

在发明钛泡沫材料之前，科学家在进行人体骨骼植入时通常采用固体金属材料，主要使用的材料是钛，虽然说人体能够接受钛金属，并不会产生严重的排异反应，但由于这种材质的骨骼比人体骨骼坚硬许多，因此以这种方法植入的骨骼会使人体骨骼承受更多的负载。德国科学家彼得·奎德贝克

指出，有时钛金属甚至在人体中会产生松动，从而必须进行再次钛金属植入手术。

奎德贝克和其同事受到骨骼海绵体的启发而产生灵感，从而研制出一种泡沫状的骨骼植入钛金属。这种钛金属泡沫材料是多孔结构的，在植入人体后，骨骼可以在钛金属泡沫材料周围生长，并最终与其长在一起。钛金属泡沫采用浸透钛粉末和黏合剂溶液的聚氨酯泡沫体，钛金属附着在聚氨酯结构体上，之后聚氨酯和黏合剂一起蒸发消失，最终使植入的钛金属骨骼变得更加结实。因此，泡沫钛金属植入方法要比固体钛金属植入方法更有

能力，野兽般的感知能力，天生双臂长有可伸出体外的利爪。

▼ 钛泡沫材料

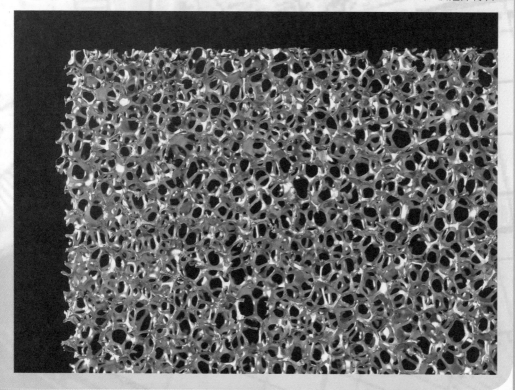

NAMI XUNQI ——GAOKEJI YU CAILIAO

效，并能匹配骨骼力学性质，同时这种泡沫状钛金属还能刺激人体骨骼生长。

目前，钛泡沫已经从实验阶段进入临床应用，医学家正与物理学家研究如何治疗某些骨骼伤害。将钛泡沫植入人体骨骼的应用前景非常宽广，它甚至可以在受损骨骼之间进行较长空隙的"搭桥治疗"。

金属泡沫材料的研制起源于20世纪80年代初，金属泡沫材料质轻、隔音、阻燃，又有很强的吸能本领和电磁屏蔽作用，因此受到了科学家和国防工业部门的高度重视。20世纪90年代起，在民用工业，尤其是建筑业已开始组织生产，目前日本已上市供应大块泡沫铝材。

《X战警》讲述了这个世界上的一小部分人类存在基因变异，这部分变种人拥有各种各样的超能力。而世界对于这样一群异类产生了恐惧。万磁王为了争取更多变种人的权利，他聚集了一批部下不断对人类进行破坏。而X教授致力于人类与变种人之间和谐生存，他创办了X学院，收取变种人学生，教导他们知识，让他们能合理运用自己的能力，培养他们成为X战警，保卫人类与变种人。

▲ 铝泡沫材料

运动功能材料：鲨鱼皮的成就

在近些年的游泳比赛上，你大概会惊奇地发现运动员舍弃了轻便的普通泳衣而把自己严严实实地包裹起来，他们身着的这种泳衣看上去甚至有些奇怪，这究竟是什么样的泳衣，让大家都选择了它呢？

被运动员青睐的鲨鱼皮泳衣

"鲨鱼皮"泳衣，应用超声缝合技术缝合，并借此技术将泳衣产生的阻力降到最低点。该技术的工作原理是利用高频率振荡由焊头将声波传送

几年前，澳大利亚运动学院进行了一项鲨鱼皮泳衣的研发工作，测试结果令研究人员异常兴奋，运动员穿着鲨鱼皮泳衣的速度测试结果比穿普通训练泳衣要快4%，这在50米短池比赛中就等于超前了两米，具有超前相当于一个身位的巨大优势，同时耗氧量还降低5%，这就延长了运动员的巅峰表现，对于游泳这种决胜于百分之一秒的运动来说，"鲨鱼皮"就是"生死存亡"的决定性因素了。

这种泳衣具有可调的弹性,可以把身体上阻力比较大的部位收紧,运动员的身体由于被塑造成更接近流线型的形状,减少了肌肉和水之间因为压力剧烈波动引起的振动,在比赛中可以发挥得更好。要知道这种振动会干扰流过身体的流线,消耗身体的动能,从而降低运动员的速度。"鲨鱼皮四代"还用超声波拼接,制成了"无缝天衣",大大降低了接合处对流线的扰动。水流光滑地经过身体表面,扰动和阻力都降至最小。

更重要的是,鲨鱼皮泳衣会让使用者产生强烈的正面心理暗示。就像一位试穿该泳衣的运动员说的那样:"如果我穿着的不是世界上速度最快的泳衣,我是不可能有信心战胜自己战胜别人的。"但也有运动员表示,穿这种泳衣非常难受,恨不得马上把它脱掉,所以会在水里拼命地游。

至工作物熔接面,瞬间使工作物分子产生摩擦,达到塑料熔点,从而完成固体材料迅速熔解,完成焊接。其接合点强度接近一整块的连生材料,只要产品的接合面设计得匹配,完全密封和无针脚是绝对没有问题的。

▼ 鲨鱼皮泳衣会把身体上阻力比较大的部位收紧

国际泳联宣布"鲨鱼皮泳衣"2010年全球禁用。

国际泳联宣布从2010年起：

1. 禁止在比赛中使用高科技泳衣。

2. 泳衣材料必须为纺织物。

3. 泳衣不得覆盖四肢。

4. 新规则使用前世界纪录不作废。

鲨鱼皮泳衣近十年的辉煌历史由此走到尽头。

不管怎样，普通人想试试这种"鲨鱼皮四代"还是要付出高昂的代价的。一套鲨鱼皮泳衣的制作成本在人民币7000元以上，销售价更是不菲，而且需要专人帮助且花四十分钟才能穿上，更要命的是，这种泳衣的寿命太短，只允许穿6次。话说回来，不管鲨鱼皮泳衣是否真的取得了重大突破，都让我们更进一步了解了一个时髦的科学——计算流体力学，套用某相声中的话就是：真让我欣慰！计算流体力学并不是那样遥不可及，不像航天飞机，苏-27战斗机，一级方程式赛车那样高高在上，而是可以应用到所有与水或空气阻力过不去的地方。在未来，它还会进一步把它的威力展现在竞技体育和人们日常生活的方方面面的。

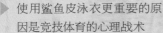

▶ 使用鲨鱼皮泳衣更重要的原因是竞技体育的心理战术

第四篇
未来的高科技材料

亚克力杆：种子的启示

在上海世博园里，英国馆备受瞩目，它的外形远远望去就像一颗巨大的蒲公英种子，那毛茸茸的"触须"是由 60686 根亚克力杆组成。进入"种子圣殿"的参观者会发现，每一根亚克力杆里都含有形态各异

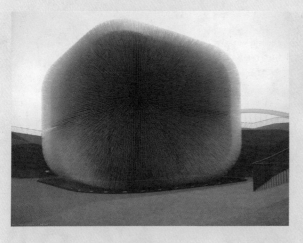

的种子。白天，日光照亮圣殿的内部，将数万颗种子呈现在参观者面前。到了晚上，亚克力杆里包含着一个发光二极管，随着光泽和色彩的变幻，圣殿呈现出非凡的风采。

英国馆是一个极其富有创意的建筑

世界博览会（World Exhibi-tion or Exposition，简称 World Expo）又称国际博览会，简称世博会、世博，是一项由主办国政府组织或政

"亚克力"这个词也许听起来很陌生，因为它是一个近年来才出现的新型词语。直到21世纪，它在广告行业、家具行业、工艺品行业才渐渐被少数人了解。"亚克力"是一个音译外来词，英文是ACRYLIC，又称做压克力或有机玻璃，在香港多称做阿加力胶，它是一种化学材料。化学名称叫做

"PMMA"，属于丙烯醇类，具有高透明度、低价格、易于机械加工等优点，是平常经常使用的玻璃替代材料。亚克力的密度比玻璃低，大致是玻璃的一半，但是由于它是高分子化合物，而且形成分子的链很柔软，因此，它的强度比较高，抗拉伸和抗冲击的能力比普通玻璃要高出7~18倍。这种材料经过加热和拉伸处理后，分子链段会排列得非常有次序，使韧性显著提高。用钉子钉进亚克力，即使钉子穿透了，它也不会破成碎片。因此，它被用做防弹玻璃，也用于军用飞机上的座舱盖。亚克力是目前最优良的高分子透明材料，透光率达到92%，比玻璃的透光度高。普通玻璃只能透过0.6%的紫外线，它却能透过73%，它有良好的绝缘性和机械强度，对酸、碱、盐有较强的耐腐蚀性能，且又易加工，可进行粘接、

府委托有关部门举办的有较大影响和悠久历史的国际性博览活动。参展者向世界各国展示当代的文化、科技和产业上正面影响各种生活范畴的成果。世界博览会是一个富有特色的讲坛，它鼓励人类发挥创造性和主动参与性。把科学和情感结合起来，将有助于人类发展的新概念、新观念、新技术展现在世人面前。其特点是举办时间长、展出规模大、参展国家多、影响深远。因此，世博会被誉为世界经济、科技、文化的"奥林匹克"盛会。

▲ 亚克力杆里面是各种植物的种子

"种子圣殿"的种子来自英国皇家植物园和昆明植物研究所合作的英国基尤千年种子银行（The Kew Millennium Seed Bank）。这座设立在英格兰南部的种子银行是目前世界上最大的种子银行之一，自成立以来收集并储存了世界上10%的开花植物的花粉和种子。这些种子均被储存在温度为零下20℃左右的地下室内，以保证其活性和新鲜程度。

锯、刨、钻、刻、磨、丝网印刷、喷砂等手工和机械加工，加热后可弯曲压模成各种亚克力制品。

英国设计师托马斯·希斯维克一向以古怪创意著称。他给大家带来的上海世博会英国馆的最初构想来源于种子，大自然最本质的东西，一切自然生命的起源。在托马斯·希斯维克的手中，六万多根亚克力杆组成一个庞大的六层楼高的立方体结构建筑，这些亚克力杆向外伸展，仿佛是从建筑物本身生长出来的长长触角，微风吹过，它们微微颤动，整个建筑仿佛具有了生命力。如果再走近一点，还会惊奇地发现，这些透明的亚克力杆里还另有玄机。在每根透明、中空的亚克力杆中，都放置了形状、种类各异的种子，这六万根装有各色种子的亚克力杆，组成了一座壮观的"种子圣殿"。长长的亚克力杆从中心建筑向外伸展，在风中微微颤动，仿佛与外在环境融为一体，而利用这种透明亚克力

杆的另一大好处就是有助于节能。白天的时候，大量的自然光线透过这些透明的杆子直接射入馆内，可以照亮整个"种子圣殿"的内部；而到了晚上，建筑物内部的光线又可以透过透明杆反射到建筑的外墙，以此来点亮整个英国馆建筑。有人不禁夸赞这种亚克力材料：亚克力，亚克西。

▼ 各种复合材料已经被广泛应用于临床和科研

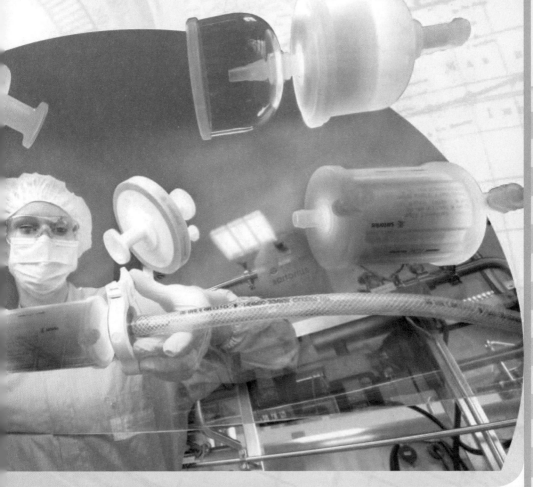

液氢：大自然的恩赐

纳米寻奇——

高科技与材料

　　根据宇宙大爆炸理论，氢元素是宇宙爆炸生成之初最先出现的元素。至今在自然界中存在最多的元素仍是氢元素，也许它太普遍了，我们常常会忽略它。但在今天，液氢能源的发展，使氢终于能酣畅淋漓地发挥光和热了。

氢能汽车

　　宇宙大爆炸(Big Bang)是一种学说，是根据天文观测研究后

　　氢元素是自然界中存在最多的元素，而且氢气燃烧只会产生水而不会像其他物质燃烧那样产生有毒、有害或污染环境的物质，而且氢气的燃烧值非

常高。氢气真可谓高输出零污染的杰出能源。但是氢气作为能源却一直受到方方面面的限制，因为作为能源一般都要对其加压液化，然后保存运输以致使用，但是由于液氢自身沸点很低，在科学条件不发达的情况下很难制备和保存。

　　由于氢的临界温度和转化温度低，汽化潜热小，其理论最小液化功在所有气体当中是最高的，所以液化比较困难。为了攻克氢气难以液化这一难题，科学家费尽心思苦思冥想，终于发现，正常氢气是由正氢和仲氢分子组成的，液化时需在催化剂作

得到的一种设想。大约在 150 亿年前，宇宙所有的物质都高度密集在一点，有着极高的温度，因而发生了巨大的爆炸。大爆炸以后，物质开始向外膨胀，就形成了今天我们看到的宇宙。

▼ 氢能汽车的液氢罐

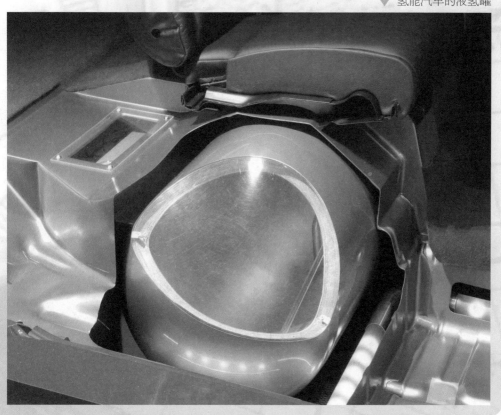

在大爆炸时刻，宇宙的体积是零，所以其温度是无限热的。大爆炸开始后，随着宇宙的膨胀，辐射的温度随之降低。此时的宇宙中主要包含光子、电子、中微子和它们的反粒子（光子的反粒子就是它本身），以及少量的质子和中子。宇宙继续膨胀，大部分正反电子相互湮灭，并产生了更多的光子。质子和中子由于强相互作用力而结合。一个质子和一个中子组成氘核（重氢）；氘核再和一个质子和一个中子形成氚核。根据计算，大约有四分之一的质子和中子转变为氦核，以及少量更重元素，如锂和铍。其余的中子衰变为质子，也就是氢核。几个小时之后氦和其他元素的产生停止下来。

用下使正氢迅速并几乎全部转化为仲氢，以避免液氢贮存中正氢继续向仲氢转化而产生转化热，从而导致液氢挥发损失。这样，就可以制备用于实际的液氢了。

研究液氢耗费了大量的人力、物力、财力，但这些无疑都是值得的，液氢在应用方面有着十分广阔的前景和无以取代的地位。氢与液氧组成的双组元低温液体推进剂的能量极高，已广泛用于发射通讯卫星、宇宙飞船和航天飞机等运载火箭中。液氢还能与液氟组成高能推进剂。以前的火箭推进器燃料一般都是航空煤油，这种燃料燃烧值远远低于液氢，而且燃烧后还会生成有害物质，所以运载火箭以液氢作为推进器燃料将是必然的趋势。

虽然在目前的科学技术下，使用液氢还有一系列的问题，如液氢因为其不导电的性质，在管道摩擦的过程中会积累电荷，有可能造成爆炸事故，而

且液氢一旦注入后，就不能取出，因为其气化时会吸收大量的热，会对机器造成无法预料的伤害。但我们相信，液氢自身的优势是不会被忽略的，由于科技不断进步，也许在不久的将来，这些问题都会迎刃而解，人类终将会普及使用真正高效环保的液氢能源。

▼ 运载火箭以液氢作为推进器燃料是必然的趋势

NAMI XUNQI —— GAOKEJI YU CAILIAO

高温超导材料：电缆的终极目标

我们的电话、电脑、电视机以及所有与电有关的东西都需要电线来连通才能使用，还有我们头顶上纠结缠绕，盘踞了整个天空的电线，虽然它们都采用了铝和铜之类的电的良导体作为内芯，但扔然存在不可忽略的电阻，这就使得电能在传输的过程中白白耗去了一部分，而且因为导线有电阻的原因，很多精密实验都不能进行。

一块磁铁悬浮于超导材料之上

磁悬浮列车是一种靠磁悬浮力（即磁的吸力和排斥力）来推动的列车。由于其轨道的磁力使之悬浮在空中，运行时不需

没有电阻的超导材料一直都是科学家的奋斗目标，经过不懈的努力，他们做到了，他们发现了有些材料在极低的温度下会显现零电阻的特性，可是这样是不够的，因为极低温度下才能显现的特性是难以实用的。

传统的超导材料是指那些具有高临界转变温

度，能在液氮条件下工作的超导材料。传统超导材料只能在液氮那种温度极低的状态下使用，所以极大地限制了它的用途，继而科学家开始转向研究高温超导材料。

高温超导材料，多为一些氧化物材料，故又称"高温氧化物超导材料"。就目前的科技水平来讲，已经被科学家确认发现的高温超导材料有数种，主要分为含铜的和不含铜的。含铜超导材料有镧钡铜氧体系、钇钡铜氧体系、铋锶钙铜氧体系、铊钡钙铜氧体系、铅锶钇铜氧体系。不含铜超导体主要是钡钾铋氧体系。

从1911年至今，科学家从未放弃对高温超导材

接触地面，因此其阻力只有空气的阻力。磁悬浮列车的最高速度可以达每小时 500 千米以上，比每小时 300 千米的轮轨高速列车还要快。

NAMI XUNQI —GAOKEJI YU CAILIAO

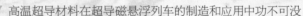

▼ 高温超导材料在超导磁悬浮列车的制造和应用中功不可没

核磁共振成像也称磁共振成像，是利用核磁共振原理，通过外加梯度磁场检测所发射出的电磁波，据此可以绘制成物体内部的结构图像，在物理、化学、医疗、石油化工、考古等方面获得了广泛的应用。

料的研究，无数科学研究人员献身于此，但很多年过去了进展却十分缓慢，直到1986年，高温超导体的研究取得了重大的突破。科学家发现，以金属氧化物陶瓷材料为研究对象，很可能完成科学家们的终极目标——高温超导材料。全球有260多个实验小组参与这项研究，美国、日本等科技大国也投入了大量的精力。

超导材料的发现被誉为是"20世纪最伟大的发现"，超导材料的重要性由此可见，高温超导材料的重要性更是毋庸置疑的。高温超导材料的作用远远超乎人们的想象，它可不是仅仅作为电线那么简单，超导磁悬浮列车的制造和应用，其中高温超导材料功不可没，超导磁悬浮列车的时速可以达到500km/h，还曾创造过581km/h的惊人成绩。超导磁悬浮列车比一般的火车更加安全、稳定，是下一代公共交通工具。除了在公共交通方面的应用外，高温超导材料还可以用来研制超导核磁共振成像、零电力损耗超导电缆、超导限流器、超导变压器、超导电动机。

尽管目前高温超导材料还没有达到理想的使用状态，但在一代代科学家前仆后继的努力下，供给人类日常使用的高温超导材料必将成为现实。

▲ 高温超导材料还可以用于制造零电力损耗超导电缆

智能材料：人类的又一利器

　　我们能从自然中学到的东西远比我们自身要多得多。人们从蜻蜓矫捷的身姿中受到启发而制成了直升机，可是对蜻蜓而言，那不过是个笨重庞大并且可笑的模仿者，即使是把蜻蜓同比例扩大到直升飞机那么大，飞机也永远没有蜻蜓的轻盈自如。

我们受蜻蜓的启发而制成了直升机

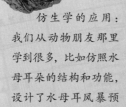

仿生学的应用：我们从动物朋友那里学到很多，比如仿照水母耳朵的结构和功能，设计了水母耳风暴预

　　智能材料的构想来源于仿生，就是模仿大自然中生物的一些特性来制造人类使用的工具，这种材料必须具有同真正生物材料一样的感知、驱动和控制功能。它的设计、制造和加工都异常优良，性能结构在行业中位于尖端水平，智能材料在材料科学中

是最有活力和最先进的。

目前，虽然智能材料的定义还没有统一，但是在应用上对智能材料提出了许多要求，它至少需要具有感知功能，并且可以检测识别外界(或者内部)的刺激，比如说电、光、热核辐射等。同时它还需要具有驱动功能，对外界变化做出反应。除此之外，还需要能够按照设定的方式选择和控制响应，当外部刺激消除后，要求能够迅速恢复到原始状态。

智能材料的身影出现在我们社会的方方面面。

在建筑方面，科学家正集中力量研制一种使桥梁、高大的建筑设施以及地下管道等能自行诊断自己的"健康"状况，并能自行"医治疾病"的材料。英国科学家已开发出了两种"自愈合"纤维，这两种纤维能分别感知混凝土中的裂纹和钢筋的腐蚀，并

测仪，能提前15小时对风暴作出预报，对航海和渔业的安全都有重要意义。人们还根据蛙眼的视觉原理，已研制成功一种电子蛙眼。这种电子蛙眼能像真的蛙眼那样，准确无误地识别出特定形状的物体。把电子蛙眼装入雷达系统后，雷达抗干扰能力大大提高。这种雷达系统能快速而准确地识别出特定形状的飞机、舰船和导弹等。特别是能够区别真假导弹，防止以假乱真。

▶ 科学家正在研发桥梁等大型建筑的"自愈合"材料

智能材料可分为两大类：

（1）嵌入式智能材料，又称智能材料结构或智能材料系统。在基体材料中，嵌入具有传感、动作和处理功能的三种原始材料。传感元件采集和检测外界环境给予的信息，控制处理器指挥和激励驱动元件，执行相应的动作。

（2）有些材料微观结构本身就具有智能功能，能够随着环境和时间的变化改变自己的性能，如自滤玻璃、受辐射时性能自衰减的Inp半导体等。

能自动黏合混凝土的裂纹或者阻止钢筋的腐蚀。黏合裂纹的纤维掺入混凝土中后，在混凝土过度挠曲时，它会被撕裂，从而释放出一些化学物质，来充填和黏合混凝土中的裂缝。防腐蚀纤维则被包在钢筋周围，当钢筋周围的酸度达到一定值时，纤维的涂层就会溶解，从纤维中释放出能阻止混凝土中的钢筋被腐蚀的物质。

在飞机制造方面，科学家正在研制具有如下功能的智能材料：当飞机在飞行中遇到涡流或猛烈的逆风时，机翼中的智能材料能迅速变形，并带动机翼改变形状，从而消除涡流或逆风的影响，使飞机仍能平稳地飞行。智能材料还可以用于飞机自诊断监测系统，这种系统可自行判断突然的结构损伤和累积损伤，根据飞行经历和损伤数据预计飞机结构的寿命，从而在保证安全的情况下，大大减少停飞检修次数和常规维护费用，使商业飞机大量节省成本。此外，还有人设想用智能材料制成涂料，涂在机身和机翼上，当机身或机翼内出现应力时，涂料会改变颜色，以此警告。

在生物领域，日本推出了一种能根据血液中的葡萄糖浓度的变化而扩张和收缩的聚合物。葡萄糖浓度低时，聚合物条带会缩成小球，葡萄糖浓度高时，小球又会伸展成带。借助于这一特性，这种聚合物可制成人造胰细胞。将用这种聚合物包封的胰岛素小球，注入糖尿病患者的血液中，小球就可以模拟胰细胞工作。血液中的血糖浓度高时，小球释放出胰岛素，血糖浓度低时，胰岛素被密封。这样，病人血糖浓度就会始终保持在正常的水平上了。

　　智能材料独特的功效一定会为我们的生活带来更多的精彩。

▲ 今后，机翼中的智能材料将使飞行更加平稳

自我愈合材料：你可以自我愈合吗？

一位世界上论文引用率最高的前10名化学家之一的化学家，一位波兰裔美国人，一个等待被探索的新型聚合材料世界。

高聚合物化学家
克里兹托夫·马特加兹维斯基

在这种材料发明之前还有一种自愈合材料，但是它的作用相对复杂，这种材料分为复合材料、修补剂、催化剂三个部分，当复合材料上形成微裂缝时，它会在材料表面扩散开来。这条

如果你在网络中查询克里兹托夫这个人，会发现他的5个分类里面，分别是1950年出生、在世人物、波兰裔美国人、美国化学家、波兰化学家。他是一个成绩斐然的化学家，他是世界上论文引用率最高的前10名化学家之一，如果你看他在卡耐基梅隆大学的照片，会发现他笑得自信而节制，有一种独特的韵味在其中。

克里兹托夫是国际公认的高聚合物化学家，他最出名的研究是原子转移自由基聚合方法（ATRP），这种新的聚合物合成方法彻底改变了大分子的制造方式。我们现在要来介绍的是他带领的研究组研究出来的具有自我修复能力的一种聚合物。

这种新的聚合物材料可以进行自我修复，只需在室温紫外光照射下，将断裂处压在一起，它的自我修复就可以发生了。用相同的方法也可以让分开的几块材料黏合在一起。这种复合物之所以会发生愈

裂缝会使微胶囊破裂，从而释放出修补剂。修补剂将顺着裂缝流淌，这样就不可避免地会碰到催化剂，从而开始聚合反应过程。这个过程最终会将裂缝黏合起来。

▲ 新发明的聚合物材料在室温紫外光照射下就可以不断地进行自我恢复

美国卡耐基梅隆大学前身——卡耐基技术学校，是由美国钢铁大王——安德鲁·卡耐基（Andrew Carnegie）于1900年在匹兹堡出资建立的。作为世界公认的顶尖私立大学，卡耐基梅隆大学共设7个学院和研究所，以招收研究生为主：卡耐基技术学院、美术学院、人文与社会科学学院、梅隆理学院、工业管理研究所、计算机学院、约翰·海兹公共关系学院。

合是因为它以碳硫键为基础，里面存在成千上万的化学键，即使失去了其中的一小部分，材料还是有能力不断地自我修补，研究人员将一块材料切成几份，在一定的条件下，它们至少可以重新合起来五次，研究组的负责人，卡耐基梅隆大学的教授克里兹托夫说，在进一步细化下，材料可以不断地进行自我修复更多次。研究人员还发现，即使是复合物碎片也可以在紫外线光的照射下黏合成一块，这就更便于回收再利用了。

目前，这种复合物只能在无氧的环境下操作，材料的自我愈合需要在纯氮的情况下照紫外光才可以进行。研究人员希望可以开发出不需要氮气，仅在可见光下就能恢复的材料。这样一来这项技术就能发挥出更多的功效，一些产品和零件就可以对细小的耗损自行修复了。

虽然这种材料有着种种优点，但是它并不是完美的，相比于其他自我恢复型材料，它有两大缺点：要在受压情况下操作；过程要数小时。但是我们知道，评价一种材料的性能好坏需要联系它自身的用途。每种自我修复材料都具有一定的独特性和优越性，关键取决于它的特性和应用领域。这种材料可以被用作结构材料，用于飞机零件、车辆和航空设备，甚至用于日常生活中的手机、笔记本等。

▲ 这种聚合物材料存在成千上万的化学键

声音纤维：可以穿的麦克风

你有没有想过从一个默默无闻的人变成一名举世瞩目的摇滚歌星？从路人甲到被万众敬仰，你用技术和激情点燃所有人，你的拥簇者为你疯为你狂，在急速的旋律中释放出最本真的自己。

"吉他英雄"所搭配的吉他其实并没有弦

《吉他英雄》系列是一款为吉他爱好者专门设计的音乐游戏，通过模拟的音乐

风靡全球的电子游戏"吉他英雄"让虚拟夸张的空气吉他和音乐沾上边。不过或许不久以后，甚至连空弹摇滚乐手们可能也不需要了，因为美国的研究人员研究出了一种类似吉他琴弦的

"声音纤维"，这种纤维在电力的带动下能够自己弹奏。

这种纤维在接收到电子信号后，会通过振动产生一种声音（但极为细微，需要凑近聆听）。这个过程也可以反过来，当纤维在声波的作用下发出振动时，它会产生一种能够被探测到的电子信号。这意味着这种纤维还能够发挥麦克风的作用，简而言之，这种声音纤维既能唱又能听。这种纤维基于一种压电聚合物材料，它可以将电场转化为机械压力，反之亦然。聚合材料在电场的作

演奏让玩家亲身体验成为摇滚吉他明星的快感，玩家在游戏中可以选择扮演乐队中的各个音乐高手，并体验从碌碌无为到最具知名度的乐队这段刺激的历程。

NAMI XUNQI —— GAOKEJI YU CAILIAO

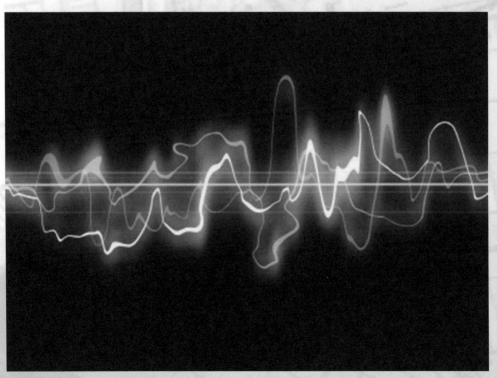

▲ 声音纤维在接收到电子信号后会通过振动产生声音

空气吉他是一种以模仿摇滚乐或重金属音乐的电吉他独奏部分进行的表演方式，弹奏者往往会以节拍强烈的电吉他音乐配合夸张的弹奏动作和对嘴形来进行表演。

用下容易产生振动，要真正应用却有难度，因为将它们分成细小的纤维则需要巨大的能量，并且纤维也只会纵向伸缩。

　　要是想要使纤维像乐器的弦那样发生横向振动，需要一种更为复杂的结构。为此人们研发了一种纤维，它是由绝缘聚碳酸酯材料制成的空心杆组成的，这种空心杆的内部有一种30微米的压电聚合物材料制成的环。这样的结构被夹在由导电材料制成的具有电极作用的内环和外环之间，整个结构的外围又是一层聚碳酸酯外壳。

　　值得注意的是，这些纤维的直径仅有1.1毫米。它们是从大块的材料上分离出来的，提取方法和传统的光学纤维基本相似。由此一来，就能一次性地组装多层材料，然后对它们整体进行加热和拉伸，就像堆砌海边的岩石一样。当纤维提取出来后，研究人员会对其施加一个强大的电场，以此来保证纤维冷却后，塑料的分子都按照同一方向排列。

　　加电极是一个更大的挑战。由于金属的黏性很低，所以简单地将中心金属层置于压电层侧面并不能奏效，一旦受力很容易断裂。所以研究人员用了两层石墨含量较高的传导性塑料来通电，每层塑料内外层的侧面都有一条金属带。

　　这种自拨声音纤维可以制成监测海洋和大面

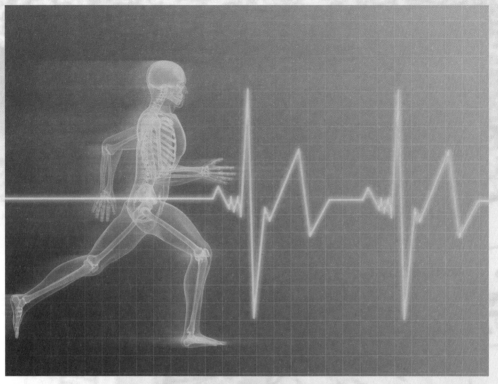

▲ 声音纤维还可以用来监测身体发出的声音，为健康监测提供依据

积声呐成像系统中水流的网。还能连续监测身体发出的声音，从而为健康监测提供依据，这种纤维进一步细化以后甚至可以被织进衣服，那时，它们就真的成了可以穿的麦克风啦！

拓扑绝缘材料：导体还是超导体？

美国普林斯顿大学的一个研究小组在三年前研究出了一种金属表面的绝缘体，这种被称作"三维拓扑绝缘体"的材料在应用上还存在着种种问题，研究小组又用了两年的时间孜孜不倦地探索，这种材料被扭转成为表面是金属，内部却具有超导性的拓扑超导体。这个新的发明是具有突破性的，甚至从中诞生新一代的电子学，继而完全改变当前的信息存储与处理方式。

硒化铋半导体

拓扑学是现代数学的一个重要分支，同时是渗透到整个现代数学的思想方法，

普林斯顿大学扎西德·哈桑平时是一个沉默寡言的人，一说起研究却口若悬河，也难怪，他领导的研究小组发现了一种具有"双重性格"的新型晶体材料：在极低温度下，晶体内部表现

与普通超导体类似，能以零电阻导电，但是在它的表面是仍有电阻的金属，能传输电流。

　　在实验中，研究人员为了评价新晶体材料的性能，利用X光谱进行分析，通过研究X射线轰击出单个电子来确定晶体的真实属性，测试发现生成的是一种拓扑超导体。通过进一步研究，在晶体的表面发现了不同寻常的电子，它的表现就像轻子一样。研究人员大喜过望，原来这种电

拓扑学经常被描述成"橡皮泥的几何"，就是说它研究物体在连续变形下不变的性质。比如，所有多边形和圆周在拓扑意义下是一样的，因为多边形可以通过连续变形变成圆周。

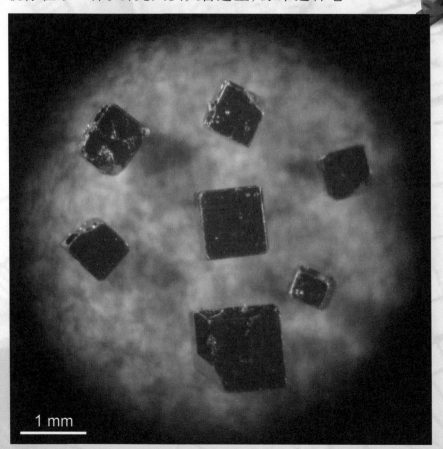

1 mm

▲ 显微镜下的晶体材料

拓扑学的"先声"：有这样一个故事在拓扑学的发展中具有重要的地位，那是在哥尼斯堡（今俄罗斯加里宁格勒）东普鲁士的首都，普莱格尔河横贯其中。18世纪在这条河上建有七座桥，将河中间的两个岛和河岸连接起来。人们闲暇时经常在这上边散步，一天有人提出：能不能每座桥都只走一遍，最后又回到原来的位置。这个看起来很简单又很有趣的问题吸引了大家，很多人在尝试各种各样的走法，但谁也没有做到。有人带着这个问题找到了当时的大数学家欧拉，欧拉经过一番思考，很快就用一种独特的方法给出了解答。欧拉首先把这个问题简化，他把两座小岛和河的两岸分别看作四个点，而把七座桥看作这四个点之间的连线。那么这个问题就简化成，能不能用一笔就把这

子就是长期寻找的马拉约那费米子。

为了使超导体具有拓扑性质，科学家在半导体掺杂过程把铜原子嵌入硒化铋半导体的原子晶格中，发明了一种新晶体。结果发现，在低于4K（约零下269℃）的温度下，合适的嵌入数量能将晶体转变成一种超导体。但美中不足的是，这种超导体无法长久保持其拓扑性质，即使是在真空中也仅能保持几个月。

从理论上讲，如果一种拓扑绝缘体变成了拓扑超导体，它会具有一些超常的性质，马拉约那费米子是其中最令人称奇的。我们知道，普通电子带负电荷，由普通原子核和电子构成的固体会"生成"具有特异性质的粒子，比如分数电荷，而马拉约那费米子表现为中性，零质量零电荷，所以它不会被附近的粒子、原子吸引或排斥，因此它们的行动就是可预测的，有着预定的轨迹。这种具有双重电子特性的新型超导材料，实际上也是一种特殊的绝缘体。哈桑得意地说，"我们可以利用这一点来'哄骗'电子嗖嗖地跑到它的表面上，变成马拉约那费米子。

关于这种拓扑超导体的应用，最激动人心的就是高能量子计算机了，它能在计算中发现错误，一旦出错就会在信息处理过程中产生抵抗。到目前为止，哈桑和他的团队还在为找出控

制马拉约那费米子性质的方法而努力。他们还有两个重要的目标，一是找到高温超导的拓扑材料；二是开发内部高度绝缘的拓扑绝缘体。

个图形画出来。经过进一步的分析，欧拉得出结论：不可能每座桥都走一遍，最后回到原来的位置。

▲ 三维拓扑绝缘体的表面状态

双酚Ａ：孩子无小事

　　婴儿的食品安全问题对于父母来说是重中之重的了。不合格的奶粉可以导致娃娃头大，也可以导致娃娃肾里结石。现在，我们来看看一个叫做双酚Ａ的材料，看它是否能安全用于婴儿食品。

BPA在工业上用来合成聚碳酸酯和环氧树脂等材料

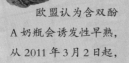

欧盟认为含双酚A奶瓶会诱发性早熟，从2011年3月2日起，

　　最近，一些报道让即将为人父母的朋友们对双酚A的安全争议问题忧心忡忡。那么，双酚A究竟是什么呢？

双酚A是一种化工原料，在工业上用来合成聚碳酸酯和环氧树脂等材料。它是一种透明的硬塑料，常用于制造婴儿奶瓶的瓶体。由于这种塑料与食品直接接触，所以它的安全性自然会引起关注。在美国，双酚A是被当作一种食品添加剂来管理的——并不是说它会被加到食品中，而是考虑到它作为容器的一部分存在着扩散的可能。

传统上，检验一种食品添加剂的安全性的方法是用大剂量的这种物质喂养实验动物，找出动物没有不良反应的最大剂量，然后除以一个安全系数（通常是100），得到的就是对人的"安全剂量"。除此之外，还需要评估这种物质在正常使用情况下人体可能的摄入量。如果人类在通常情况

已禁止生产含化学物质双酚A的婴儿奶瓶。奶瓶最好选用玻璃材质。如果使用塑料奶瓶，消毒时温度不要超过100℃，不用将奶瓶放在微波炉中消毒。塑料奶瓶在反复消毒后会磨损老化，溶出的双酚A就会增多，所以使用几个月就要更换。

▲ 聚碳酸酯常用于制造婴儿奶瓶的瓶体

纳米寻奇——高科技与材料

双酚A是世界上使用最广泛的工业化合物之一，主要用于生产聚碳酸酯、环氧树脂、聚砜树脂、聚苯醚树脂、不饱和聚酯树脂等多种高分子材料。也可用于生产增塑剂、阻燃剂、抗氧剂、热稳定剂、橡胶防老剂、农药、涂料等精细化工产品。在塑料制品的制造过程中，添加双酚A可以使其具有无色透明、耐用、轻巧和突出的防冲击性等特性，尤其能防止酸性蔬菜和水果从内部侵蚀金属容器，因此广泛用于罐头食品和饮料的包装、奶瓶、水瓶、牙齿填充物所用的密封胶、眼镜片以及其他数百种日用品的制造过程中。

下的最大摄入量远低于"安全剂量"，就认为这种物质的使用是安全的。

依照这种检验方式，双酚A在奶瓶、奶粉罐的测试中拿到了通行证。从20世纪60年代开始，它就活跃在食品包装领域。这种情况一直持续到了2008年，一般情况下来说，这种安全验证方式相当靠谱。但学术界一直在寻找更加精细的方法，用来评估那些以传统方式不能发现的慢性的、细微的毒性。主要方式就是让动物长期摄入低剂量的"嫌疑物质"，然后检测动物身体的某些以前无法检测的生理指标。

近几年，通过这样的新检测方式，科学家发现长期低剂量的BPA摄入也能造成实验动物某些生理指标的"不利变化"。这样的"低剂量"与人体可能摄入双酚A的最大量相当。据此，不少科学家对它的安全性提出了质疑。

中国于2011年6月1日起，禁止生产、进口含双酚A的婴幼儿食品容器，于9月1日起，全面禁止销售该类婴幼儿食品容器。

有些父母由于担忧双酚A奶瓶对婴儿造成危害，而不给婴儿喂食配方奶粉。专家们并不赞同这一点，因为在母乳缺乏的情况下，只有配方奶才能够提供稳定均衡的营养——虽然婴儿配方奶容器可能含有双酚A，但是配方奶的好处仍然超过了双酚A可能带来的潜在风险。

　　双酚A的安全性疑虑实际上并没有直接证据的支持。但对于食品安全，尤其是婴幼儿的食品安全，我们需要采取更加保守的态度。我们需要更谨慎地对待BPA的处理问题。在关于双酚A的最新的安全性审查发表之后，各国纷纷采取了慎重对待的态度。加拿大禁止了BPA的使用。欧盟也开始进行新的审查。其他国家以及世界卫生组织也对此表达了相当大的关注，开始重新审查BPA对食品安全的影响。

▲ 聚碳酸酯常用于制造婴儿奶瓶的瓶体

纳米：天使还是魔鬼

纳米这种材料正改变着现代人的生活。纳米机器人可杀死癌细胞，使用"纳米管"的氢电池可让汽车行走 5000 英里（1 英里 =1.6 千米）。此外，在建筑物及路面上装置纳米的太阳能电池，可以提供一种廉价能源；纳米颗粒还可除去石油化学工业废料的有毒物质。可是，事情没有那么简单，还记得电影《特种部队》里的纳米武器吗？

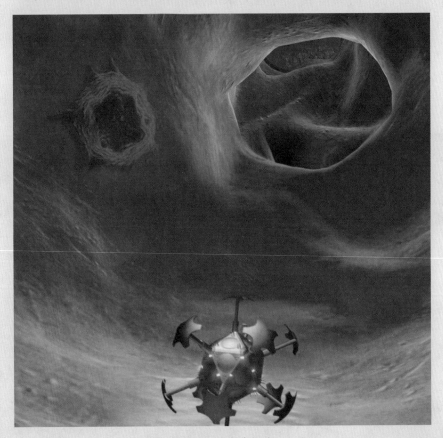

纳米机器人可以杀死癌细胞

在现代生活中，纳米技术不断被应用于各个方面，在医疗、环保、生产制造，甚至太空科技上都能看到它的身影，但是专家警告，纳米颗粒危害人类健康。研究表明，尚处于研究开发中的部分碳纳米粒子，包括纳米管及巴基球（科学家在20世纪90年代研制的一种有机分子，化学符号是C_{60}，主要用于工业润滑）会危害到动物细胞。人体如果暴露在这些超微细颗粒下，可能导致呼吸问题。除此之外，纳米颗粒可从鼻孔吸入，也可透过皮肤渗入体内。它不但可导致皮肤发炎，更能透过化学反应，最短于两天内损害体内组织，甚至侵害到人体的免疫战士——噬菌细胞，从而损害人体免役系统，导致过敏反应，扰乱细胞联络，或改变荷尔蒙反应机制。另外，置于皮肤上的纳米管甚至可破坏DNA。纳米潜在的危害难以估计，各国专家若再不采取行动关注相关行业的工业安全，很多年后人们将会成为纳米技术发展过程中的牺牲品，这其中存在的隐患随时有可能爆发。

在美国，纳米产业目前集中了约21万的劳动力，这其中有相当一部分人直接暴露在纳米微粒下，与肉眼无法识别的微小颗粒打交道。虽然美国职业安全及健康局已经指出极微小的粒子可带来健康的潜在危机，但是工作在纳米第一线的人却对此懵然不知。除此之外，它对消费者，甚至环境都有着潜在的

美国南方卫理公会大学毒理学家伊娃·奥伯多斯特用捕获的一种鱼——黑鲈进行了一种暴露于纳米分子的实验。奥伯多斯特把这条鱼暴露于球状分子碳-60的各种浓度不同的环境中，结果发现两天之后鱼的肝脏内出现了对入侵物——碳-60分子的免疫反应。而且碳-60分子可能已经对大脑造成了伤害，破坏了对大脑和中枢神经系统起保护作用的细胞。

危险。

在德国，曝出世界上首例纳米产品回收案件，一种名为"神奇纳米"的浴室喷雾式清洁剂被怀疑对人体有害，在全国境内货品一律回收。"神奇纳米"浴室喷雾清洁剂主要用于清洁玻璃及陶瓷墙面，这种产品产生了巨大的恶劣影响，在3月底的一周内，一共造成了77位消费者身体的严重不适，其中6位因肺水肿或肺部积水需要入院治疗，其余用户则出现严重呼吸困难。产品代理商不得不发布回收声明，并开始向大众宣传切勿使用该清洁剂。

然而人们意见不一，有研究者指出，纳米科技并没有比现存

的科技有更大的危险性。任何新科技都被称有危险性。石器时代人类发明斧头，也有危险，但它是一种非常有效的工具。纳米技术的开发其实也遇到了种种问题，它的发展并不如外界想象的顺利。在军事方面，美国的纳米产业吸引了8亿美元的政府投资，其中大部分用于国防开支。但有的专家担心纳米科技遭到误用，成为核能变核武的又一翻版，因此纳米被赋上了"潘多拉魔盒"的名称。目前纳米材料的军用开发还在"防护"阶段，用于研制更坚韧但更轻便的服装，加固战车外壳抵挡攻击，还有过滤病毒等。

面对纳米以及一切新技术我们必须

实际上，在没有从事纳米研究之前，人类就已经受到纳米的危害。如，沙尘暴中的颗粒大小不一样，其中就包含着纳米颗粒。再如，汽车尾气中的金属颗粒包含有害的有机物质，其中一部分就是纳米颗粒。另外，电焊工人受到金属蒸汽的侵害，金属蒸汽中也有纳米金属颗粒。所以不能说开展纳米研究就打开了"潘朵拉的盒子"。要认识纳米，并消除纳米的有害性，必须开展纳米研究。

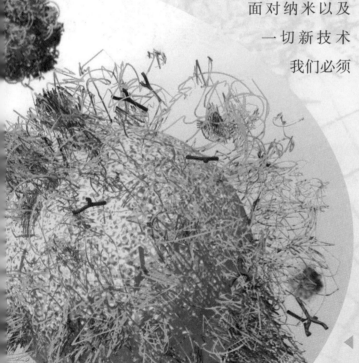

◀ 纳米微粒可能带来健康的潜在危险

NAMI XUNQI ——GAOKEJI YU CAILIAO

▲ 金属蒸汽中也有纳米金属颗粒

时刻保持警惕，在纳米技术的发展中，一切都有可能发生，可能会研制出非致命性纳米武器，但同样可以将其塑造成大规模杀伤性武器。然而，任何一种新科技能否发挥好的作用，最终还是看人。人类的未来有赖于自己的正确选择。